新中式家具产品创新设计与开发

叶聪 匡才远 著

南京市文化人才资助项目成果（22BM7005）
「十四五」江苏省设计学重点建设学科成果（苏教研函[2022]2号）
国家一流本科专业建设成果（教高厅函[2022]14号）
江苏省高校哲学社会科学研究项目成果（2017SJB0491）

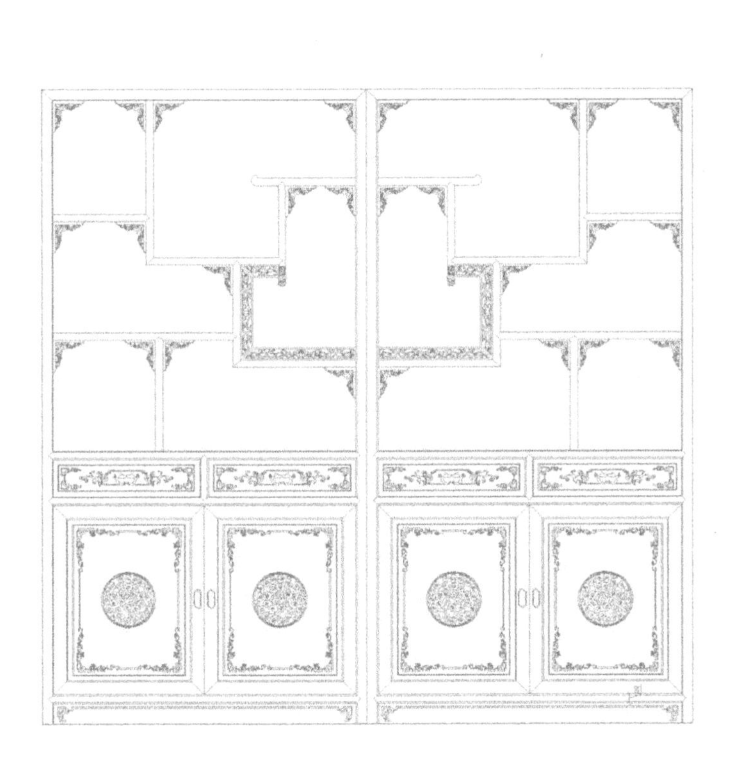

郑州大学出版社

图书在版编目(CIP)数据

新中式家具产品创新设计与开发 / 叶聪，匡才远著．— 郑州：郑州大学出版社，2023．10

ISBN 978-7-5645-9795-5

Ⅰ．①新…　Ⅱ．①叶…②匡…　Ⅲ．①家具 - 设计 - 中国　Ⅳ．①TS664.01

中国国家版本馆 CIP 数据核字(2023)第 121901 号

新中式家具产品创新设计与开发

XINZHONGSHI JIAJU CHANPIN CHUANGXIN SHEJI YU KAIFA

策划编辑	李丛聪	封面设计	王　微
责任编辑	马云飞	版式设计	苏永生
责任校对	郜　毅	责任监制	李瑞卿

出版发行	郑州大学出版社	地　址	郑州市大学路 40 号(450052)
出 版 人	孙保营	网　址	http://www.zzup.cn
经　销	全国新华书店	发行电话	0371-66966070
印　刷	广东虎彩云印刷有限公司		
开　本	787 mm×1 092 mm　1 / 16		
印　张	11.5	字　数	213 千字
版　次	2023 年 10 月第 1 版	印　次	2023 年 10 月第 1 次印刷

书　号	ISBN 978-7-5645-9795-5	定　价	56.00 元

前言

受世界经济全球化、信息化、智能化的影响，人们的生活方式与传统生活方式相比发生了很大的变迁。生活方式改变的同时也带来室内形制的变革，传统形式的家具已很难满足现代人多元化生活的需求。在新形势下对中式家具的研究显得尤为必要。

本书主要从生活方式和建筑形制的角度对中式家具展开研究。探讨古今生活方式下家具的功能及其演变，以及不同建筑室内形制对中式家具的影响。本书运用统计学方法对消费市场进行问卷调研，分析影响消费者购买家具产品的因素，提出新中式家具创新设计方法。通过新中式家具产品创新设计实践，为家具产品的开发提供可资借鉴的思路与方法，促进家具产业的可持续发展。本书适用于设计学类专业人士阅读，也可作为家具文化爱好者的学习用书。

本书主要基于本人的博士学位论文《基于现代生活方式与室内形制的中式家具研究》进行修改和完善，增加了大量新中式家具开发实例。匡才远教授主要参与调研数据的分析、写作体系的梳理以及校正工作。

特别感谢南京林业大学吴智慧教授、张乘风教授对本书的指点；感谢广东省中山市大涌镇太兴家具企业鼎力支持和帮助；感谢单位同仁与学生们在本书出版过程中的付出！

同时，感谢南京市百名文化人才项目、“十四五”江苏省设计学重点建设学科对本专著的资助！

由于水平有限，不当之处，敬希指正！

叶　聪　于金陵

2023 年 1 月 30 日

目录

第一章　中式家具文化概述 …… 001

第一节　中国传统家具概念 …… 001

第二节　新中式家具概念 …… 002

第三节　明清家具文化概述 …… 004

第四节　明清家具特点 …… 006

第二章　生活方式与中式家具文化观照 …… 015

第一节　生活方式概述 …… 015

第二节　传统生活方式与家具文化 …… 018

第三节　现代生活方式与家具文化 …… 027

第三章　传统建筑形制与中式家具文化观照 …… 046

第一节　传统建筑与家具文化 …… 046

第二节　中国传统民居建筑的室内形制 …… 051

第三节　传统民居室内形制下的中式家具 …… 059

第四章　现代住宅建筑室内形制与家具设计 …… 069

第一节　现代住宅室内形制的探讨 …… 069

第二节　民用住宅消费者心理问卷调查分析 …… 075

第三节　室内形制异同对家具的影响 …… 090

第四节　中式家具对接现代空间 …… 095

第五章　红木家具市场调查实证分析及家具创新开发探讨 …… 109

第一节　红木家具市场调查实证分析 …… 110

第二节　红木家具设计创新开发探讨 …… 128

第六章　新中式家具产品创新开发与实践 …… 136
第一节　“南京非遗”文化视域下的家具产品创新开发 …… 136
第二节　基于“非遗”文化的椅类家具产品创新设计 …… 143
第三节　新中式红木家具创新开发实例 …… 148
第四节　新中式茶室家具产品创新设计与实践 …… 155
第七章　总结与展望 …… 164
第一节　结论 …… 164
第二节　不足与展望 …… 165
附录 …… 167
附录 1　民用住宅消费者心理问卷调查 …… 167
附录 2　红木家具消费者心理问卷调查 …… 171
参考文献 …… 175

第一章　中式家具文化概述

古往今来,智慧的中国人创造了众多别具特色的家具式样。中式家具所遵循的发展轨迹与其他国家相比是极其不同的。随着社会经济、文化以及科技的发展,家具在漫长的历史变迁中不断发展变化,形成了自己独特的历史风格。从原始社会、夏商周、春秋战国、秦汉、魏晋南北朝以至隋唐五代、宋元明清,家具形制逐渐由低向高、由简向繁发展。无论是卧具—休息、承具—工作、坐具—小憩,还是庋具—储物,形制千变万化,但万变不离其宗,这就是我们灿烂家具文化的精髓。

家具(furniture),顾名思义就是家用的器具,华南地区又叫家私,即家用杂物。广义地说,家具是指人类维持正常生活、从事生产实践和开展社会活动必不可少的一类器具。狭义地说,家具是日常生活、工作和社会交往活动中供人们坐、卧或支承与贮存物品的一类器具。家具是室内外装饰的一个重要组成部分。在《中国大百科全书》轻工卷中对家具下的定义是:人类日常生活和社会活动中使用的,具有坐卧、凭倚、贮藏、间隔等功能的器具。家具体现了一定时期内一个国家、地区或民族的生产力发展水平,是技术进步和艺术特征的综合反映。

什么是中式家具?"中式"从字面上的理解是中国式样,也就是适合中国人自己的家具,有中国特色的家具。中式家具根据生活方式的不同,可划分为中国传统家具(传统中式家具)和新中式家具(现代中式家具)两类。

第一节　中国传统家具概念

"传统"指历史相继传承下来的具有一定特质的文化思想、观念、信仰、心态、风俗、制度等。文化是外在的显露的东西,在文化成果中体现着传统;传统是内在的隐藏的,没有文化就无所谓传统。从历史角度看,中国传统家具是指清代及清代以前的家具。从家具史线索可以看出中国传统家具的特点,见表1-1。

表1-1 中国传统家具风格特点历史线索

序号	历史朝代	特点
1	商周时期	青铜家具为代表
2	春秋战国时期	漆木家具
3	秦汉时期	以床榻为中心的低矮型家具
4	魏晋南北朝时期	文化交融带来新的起居方式
5	隋唐五代时期	高低错落的过渡阶段
6	宋元时期	以桌椅凳为中心的高型家具
7	明代	明式家具风格
8	清代中后期	清式家具风格

广义上的中国传统家具是指与现代相对立,由历史遗留的或根据文献资料里记载的古典家具。狭义上的中国传统家具指明式家具。明式家具是中国传统家具的代表,是中国传统家具日趋成熟完善的类型。对明式家具,学术界的权威王世襄先生这样定义:“明式家具”一词,有广、狭二义。其广义不仅包括凡是制于明代的家具,也不论是一般杂木制的,民间日用的,还是贵重木材、精雕细刻的,皆可归入;就是近现代制品,只要具有明式风格,均可称为明式家具。其狭义则指明至清前期材美工良、造型优美的家具。特别是从明代嘉靖到清代雍正(1522—1735)年间的家具制品,从数量和艺术价值上来看,视为“传统家具的黄金时代”。中国传统家具并不是静态的、孤立的、一成不变的概念,它是经传统文化的浸染、设计者的巧思和技术上的支持而形成的具有中国传统精神和气质的家具体系。它以中华民族为创作主体,以传统文化为创作根基,并且随着社会的发展、技术的进步、文化的交流与更新而不断地发展与传承、创新与流变。

第二节 新中式家具概念

“新中式”指的是传统与现代的有机结合,是对传统文化的合理继承与发展。现代的建筑设计、室内设计和家具设计中都提倡“新中式”。通常我们把新中式风格家具,也称

为现代中式风格家具。关于新中式家具的定义，在学术界上，学者从各自的研究角度出发，有多种不同的阐述。

“新中式家具”概念最早由中南林业科技大学刘文金教授提出。他指出：理想中的当代具有典型中国“风格”的设计称之为“新中式”风格。将中国传统家具文化进行现代化演绎、充分理解中国当代文化基础上的当代设计，并将具有文化意义的符号运用到设计中。

陈祖建，关惠元教授认为现代中式家具是：①家具必须是现代的，是现代家具继承和发扬中国传统风格和文化内涵的，满足现代的生活方式，符合现代审美要求，而历史遗留的古典家具，或者是修复的传统家具，或是古木重构的艺术装饰家具等均不属于现代中式家具的范畴；②家具必须是中式的，是传统家具探索创新设计的途径。

新中式家具是将具有中国传统文化特质的元素融入现代人生活与审美中的一种新型风格家具。作为一种现代风格的中式家具，其一方面将现代科技与传统风格接轨，以现代的设计形式展现东方神韵；另一方面以极简风格打造家具结构，使传统文化与现代审美和谐共生。

在理念上，新中式家具主要以中国美学哲学为价值导向，务求达到物我和谐之境；在设计造型上，新中式家具主要以明式家具风格为主，减装饰、去雕工，充分继承了明式家具简洁素雅的结构特征。新中式家具可以表述为“现代设计的中国文化表达”。新中式家具遵循精细化原则，将传统美学与制作工艺相结合，展现工匠精神。

本书认为现代中式家具可分为广、狭二义。广义指的是现代制作的具有中式风格的家具，包括仿古式中式家具、改良式中式家具和创新式中式家具。狭义的现代中式家具则指新中式家具，即创新式中式家具。这里我们主要研究后者。综合上述各种定义的要点，新中式家具的定义，应该包括以下几条内容。

(1)新中式家具贵在“新”。体现在“五新”：新科技、新工艺、新材料、新设备、新设计。

(2)新中式家具是一种设施、装备或器具。具有独特的民族性和强烈的时代性。

(3)新中式家具与现代人的日常生活方式和工作密切相关。满足现代人生理、心理、审美情趣及生活方式的需求。

(4)“新中式”是植根于当代人中的思想意识在家具方面的物化，并能反映物质文化和经济水平。

(5)新中式家具要体现“中国式文化”这一内涵,即带有明显中华地域文化识别性,主题是中国的。不仅是对中式元素的单纯应用,而且是对中式元素的现代解读与再创造,是对中国传统文脉的延续。

新中式家具是把中国传统风格与现代时尚元素糅合的一种新的家具风格。其特点是从现代人的审美需求出发,通过对传统文化的认识,将现代元素和传统元素结合。它不是纯粹的元素堆砌,也不是对传统家具简单的改良。这种风格既保留了传统文化,又体现了时代特色。突破了中国传统风格中沉稳有余、舒适性不足的弊端。

新中式家具作为新时代的文化现象,体现着现代人的生活方式,同时传承了传统美学精神,其民族性特征决定了国内消费者对新中式风格具有天然的文化认同和情感共鸣,也符合当代消费者更为个性化与多元化的情感需求。新中式家具设计不应仅限于对传统家具的模仿,更应该在前人的基础上借助现代工艺技术,从而引领新时代发展潮流。

我们研究新中式家具,应把它放到时间的长河中,把握其历史脉络,博古方能通今。

第三节　明清家具文化概述

明式家具与清式家具是明清家具发展过程中不同阶段的两类典型。明清家具形制品种多样,风格各异,集中体现了当时的生活环境和文化环境,深刻反映了明代和清代中国市民阶层家居生活的层面。根据以上概念的界定,参考前人的研究成果,本书对传统中式家具的研究范畴,定义在颇具代表性的明清家具。

明清家具始于明朝,一般以清代乾隆为界,分为明式家具和清式家具。硬木家具(俗称“红木家具”)起源于明代,郑和下西洋带回大量压船舱的珍贵硬木,由于硬木的密度大、纹理美丽等优点,红木家具便自成一体。经过明清两朝的发展与积淀,形成举世闻名的明清红木家具,红木家具又跟地域文化相互融合,发展成为各种流派,形成中国红木家具文化艺术。

一、明式家具

早在明代,这个“实学”兴起的时代,许多文人墨客认识到百工技艺之事的重要意义,

故有不少专著问世。如：宋应星的《天工开物》、《鲁班经》（文人编制）、李渔的《闲情偶记》、曹昭的《格古要论》、高濂的《燕闲清赏笺》、计成的《园治》等，书中都对家具的形制和审美特点做了阐述。文震亨编写的《长物志》卷六，详细描写了室内家具的形制、装饰和功用。对榻、几、桌、椅、凳、橱、架、床、箱、屏等家具进行了具体分析，对家具的式样、用材给予了精湛的评价。黄成撰的《髹饰录》是一部对漆艺史实践的总结，全书分乾、坤两卷。有质色、罩明、描饰、真嵌等十八章一百八十六条。在工艺技术方面，详细叙述了制漆的工具与材料，色漆的配制以及丰富的装饰方法。

明式家具是中国传统家具的高峰期。特别是明代中期以后，社会经济高度发展，并出现了资本主义萌芽，城市空前繁荣，家具艺术的发展得到了巨大的推动。明式家具形成的原因有三点。①市场基础：商品经济发达，城市较繁荣，促进了消费。②技术基础：手工业经过几个朝代的发展使家具制作工艺日趋成熟。③物质基础：海运发达使南洋的高档家具材料（名贵木材）能便利地输入中国。

作为东方家具的象征，明式家具有着独有的风格。明式家具继承了宋元时期的优秀成果，注重实用、舒适，格调典雅、工艺技术精良，是历史上其他时代所无法比拟的。明式家具以其造型简练、结构严谨、装饰适度、纹理优美被称为“世界艺术的瑰宝”，在造型艺术和工艺技术方面的造诣举世公认。

二、清式家具

清式家具与明式家具的造型在艺术上有着截然不同的风格。清初家具带有浓厚的明式家具特点。乾隆时期，家具得到了统治阶级的推动而加速发展，根据统治阶层的趣味而创新，同时渗入了西方的一些审美思想，极大地丰富了中国家具史的内容。清式家具的特点首先表现在用材厚重上，家具体型、尺寸比明式家具宽大。家具外观装饰华丽，表现手法有雕刻、镶嵌及彩绘等，给人以稳重、豪华的视觉感受。清朝中后期的家具造型风格则趋向复杂、雕饰过于繁缛、尺度大而型重，忽视了家具结构的合理性和实用性。

清代《养心殿造办处各作活计清档》记载了清宫廷家具。仅雍正元年至雍正十四年短短的十多年期间，造办处制作的桌、椅、凳、柜、架、几、屏风、床榻就在千种以上，如镶金紫檀桌、镶银紫檀桌、玻璃面镶银花梨木桌、黑漆描金靠背椅、紫漆彩绘镶斑竹炕几等等，式样繁多。

三、明清家具流派

明代的红木家具以苏式为主，这个时期红木家具制作还没有形成流派。直到清朝，出现了各具地方特色的红木家具。按地域流派分类，最有代表性的是京式、苏式、宁式、广式家具，被称为中国红木家具的四大流派。

(1)京式家具。京式家具一般是指北京地区的清式家具。京式红木家具在式样上讲究庄重与气派，并融入了西洋式家具的特色。其造型上以广式家具为主，线条方面则偏向于苏式家具，在用料上介于广式和苏式家具之间。京式家具贵气十足，规格宽大，追求稳重、雄浑与华丽的风格。

(2)苏式家具。明式家具是苏式的代表作。苏式家具格调朴素大方，线条流畅，用料及结构合理。苏式家具的大器件为求用料节省多采用包镶手法；在表面部分用料整齐、纹理漂亮，而背板、顶底板、抽斗旁板则用其他杂木代替；雕花采用不规则的图案。苏式家具素洁文雅，从不繁复，尽显古朴之意，极富传统韵味。

(3)宁式家具。宁式家具多采用嵌螺钿、嵌骨等工艺，注重家具的形式，在艺术上具有很强的工艺欣赏价值。

(4)广式家具。广式家具是清式家具的正宗代表。自清初开始，广州通过海运进行对外贸易和文化交流，从南洋各国采购优质的高档木材，输入内地，制造家具，由此形成了广式家具。广式家具追求美观，讲究不掺杂木、不惜用料，装饰纹样受到西方文化艺术的影响。家具雕刻面积宽广而纵深，绚丽繁褥。为了使优美的木纹显露，广式家具不髹漆，从而形成了其特有的风格流派。

第四节　明清家具特点

传统中式家具的特点主要体现在材料、结构、装饰、造型风格这几方面。

一、传统中式家具的材料

明清家具常见的材料有以下几类。

（1）硬性木材：紫檀、花梨、乌木、鸡翅木、铁力木、酸枝木。（图1-1）

（2）非硬性木材：榉木、楠木、桦木、黄杨、樟木、柞木、柏木。

（3）杂木：杉木、松木、楸木、椴木。（民间用材）

（4）附属用材：石材；竹、藤、棕等编制材料；玻璃；金属饰件；髹漆材料；染料及粘合材料等。

在用材上，考究的明式家具大多使用紫檀（图1-2）、花梨、乌木等高级的硬性木材。明万历年间松江人范濂在《云间据目抄》中记载："细木家伙，如书桌、禅椅之类，余少年曾不一见，民间止用银杏金漆方桌……纨绔豪奢，又以椐木不足贵，凡床、橱、几、桌，皆用花梨、瘿木、乌木、相思木与黄杨木，极其贵巧，动费万钱，亦俗之一靡也，尤可怪者，如皂快偶得居止，即整一小憩，以木板装铺，庭畜盆鱼杂卉，内列细桌拂尘，号称书房，竟不知皂快所读何书也。"可见明式家具用材之丰富，尤其是珍贵的木制家具受到欢迎与追捧。

图1-1　家具常用的硬木

（图片来源：摄于广东中山红木家具厂）

图1-2　明　紫檀雕荷花纹宝座

（图片来源：每日故宫App①）

早期明式家具以黄花梨为主，没有镶嵌，极少雕刻。黄花梨家具又以桌椅、橱柜为多。明末清初由于黄花梨材料匮乏而改用紫檀加工制作。紫檀密度高、材质好，但有"十檀九空"的特点，木材宽一般不过八寸。因此，紫檀家具大件甚少。制作紫檀家具多利用其自然特点，采用光素手法。清中期以后逐渐使用鸡翅木、酸枝木、铁力木等材料。民间

---

①　每日故宫App来自中国故宫国家博物院官方推出的一款App。

使用的木材则较为广泛。一般就地取材,江南地区喜欢用榉木、樟木、杉木等。家具造型及制作手法与硬木家具基本相同。

二、传统中式家具的结构

明式家具结构在部件接合上可分成:基本接合、腿足与上部构件的结合、腿足与下部构件的结合、另加的榫销四大类。其榫卯结构种类繁多,如:夹头榫、龙凤榫、银锭榫、插肩榫、格角榫、粽角榫等。此外运用枨子、牙条、牙头、角牙、短柱及托泥等构建,制作精巧,美观的同时增加了牢固性。不论其为凳、桌、床、榻,也不论其大、小、高、矮,大都可以归入"无束腰"或"有束腰"两个体系。

三、传统中式家具的装饰

传统中式家具的装饰手法综合起来大致分为雕刻装饰、镶嵌装饰、髹漆装饰和五金件装饰四类。

1. 雕刻装饰

雕刻装饰可分为雕刻技法和装饰图案的题材两大类。

(1)雕刻技法。在木料上雕饰谓之"刻",木雕最早运用在建筑和家具的构件上(图1-3)。我国木雕历史悠久。可追溯到七千年前的新石器时代晚期,在商代已出现了包括木雕在内的"六工"(即木工、土工、金工、石工、兽工、革工),其"木工"包括雕刻木工。据《周礼·考工记》载:"凡攻木之工七……轮、舆、弓、庐、匠、车、梓。"梓为梓人,专做小木作工艺,包括雕刻;《周礼·天官·大宰》提到"百工飭化八材",即珠曰切、象曰磋、玉曰琢、木曰刻、石曰磨、金曰镂、革曰剥、羽曰析。隋唐以后,雕刻已成为制度记载于《营造法式》中,并将"雕饰"制度按形式分为四种,即混作、雕插写生华、起突卷叶华、剔地洼叶华。

明清家具常见的雕刻手法有:阴刻(线雕)、阳刻(浮雕)、透雕(图1-4)、圆雕或混作。南京周园收藏的多宝柜(图1-5),将花梨木雕刻成仿竹制品,集线雕、浮雕、透雕、圆雕于一身(图1-6)。圆雕是三维空间的雕饰艺术,多宝柜顶部的凤凰装饰就采用圆雕技法,适合多角度欣赏。多宝柜门和花牙子图案采用透雕技法。透雕,是把图案以外的部分剔除镂空,造成虚实相间、玲珑剔透的效果。使家具在视觉上看起来更为通透,产生的光影效果极具美感。其工艺精湛,图案装饰精美,令人赏心悦目。

图1-3　木雕

（图片来源：摄于苏州红木家具展）

图1-4　透雕

（图片来源：摄于苏州红木家具展）

图1-5　花梨木多宝柜

（图片来源：摄于南京周园）

图1-6　多宝柜侧面细节

（图片来源：摄于南京周园）

(2)装饰图案。中国人历来追求美好的事物，这种追求也体现在家具的雕饰中。明清家具常以中国传统吉祥图案为雕刻装饰，其装饰图案一方面美化了家具；另一方面又含有丰富的思想内涵，把人们渴求“吉祥”的愿望，祈求好运的心理，借助艺术的手法，以美的形式表达出来，给人以精神上的寄托。

那什么是“吉祥”呢？《周易·系辞上》曰：“吉，无不利。”《逸周书·武顺》道：“礼义顺祥曰吉。”后来，吉祥专指吉兆、歌颂之意。历代的造型艺术作品，绝大多数都是中国祈吉纳祥文化思想的物化形象。早在汉代的装饰图案中，就有吉祥汉字的出现。隋唐之

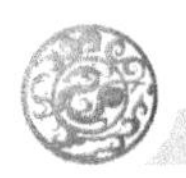

际，在与外来纹样的融合中，创造出了诸如宝相花、唐草纹等富有吉祥意义的纹样。宋元时期，吉祥纹样不断受到来自道教、佛教以及民间的影响，题材也日益丰富多彩，表现手法多样。到了明、清两代，随着商品经济的发展和市民阶层的活跃，传统的祥瑞思想转变为吉祥如意、福寿富贵等世俗化的吉祥观念。明清时期家具上的装饰图案，以谐音和寓意，以指事和会意的方式进行构成，使形式和内容巧妙结合，隐喻地表达文化内涵。使家具与文化融为一体，达到了“图必有意，意必吉祥”的程度。

在我国传统家具的发展历程中，家具的装饰图案大致形成了一个神秘威严（商、周）—写实精练（秦汉）—丰满华丽（唐）—典雅柔美（宋）—简练秀丽（明）—烦琐富丽（清）的演变过程。家具在图案题材的选择上很讲究，其设计思路通常运用象征、谐音、借代、组合等手法。常见的装饰图案题材有山水、人物、动物、植物、神话故事、几何纹、吉祥文字等，通常都蕴含吉祥的寓意。利用爬藤植物，如藤萝、葡萄、葫芦等图案，象征事物的绵延不断，用来隐喻子孙万代、多子多福。雕刻松树与仙鹤图案，谐音“松鹤延年”，寓意长寿（图 1-7）。雕刻在梅梢上啼叫的喜鹊图案，谐音“喜上眉梢”，寓意喜事（图 1-8）。从纹饰上看，明代多雕刻夔龙、螭虎龙（ 北京匠师多称其为拐子龙或草龙），而清代则是夔龙、夔凤、拐子纹、螭纹、蟠纹、虬纹、饕餮纹、兽面纹、雷纹、蝉纹、勾卷纹、回纹等，无所不有。明末清初，图案崇尚优雅清静；在清康乾盛世，考古学的兴起，导致博古之风大兴，考古、金石器成为时尚，博古图案成为家具的重要装饰之一。

图 1-7 “松鹤延年”透雕图案

（图片来源：摄于胡雪岩故居）

图 1-8 “喜上眉梢”透雕图案

（图片来源：摄于胡雪岩故居）

2. 镶嵌装饰

镶嵌装饰分为“镶”和“嵌”两大类，又称包镶和填嵌。包镶多为小片木材或物料拼合成图案，作为家具的贴面，称为百纳包镶。填嵌常见的有：嵌木（图1-9）、嵌玉（图1-10）、奇石、螺钿（图1-11）、玳瑁、骨、牙、角、瓷、珐琅（图1-12）等。将这些材料嵌成的图案称为“百宝嵌”。

图1-9　清　紫檀木边座嵌木灵芝插屏

（图片来源：每日故宫App）

图1-10　清　紫檀木嵌玉宝座

（图片来源：每日故宫App）

早在唐宋年间，镶嵌工艺已经发展成独具地方风格特色的工艺样式。明清时期，镶嵌工艺兴起，特别是在乾隆年间使用广泛。道光后装饰主要采用骨嵌，也有用螺钿作镶嵌。骨嵌是在家具制作过程中，首先根据设计图稿用薄纸复画，把复画下来的样稿按骨材的大小及图案可拼接处剪成若干小块，贴到骨片上并锯成花纹，在待嵌的底坯上相继进行排花、胶花、拔线（按骨片花纹在坯上划线）、凿槽，接着在锯成骨片花纹底面及木板的起槽缝内涂画胶，把骨片纹样敲进槽内胶合，而后还有刨平、线雕、髹漆、刻花等工序。题材丰富、工艺独特的骨木镶嵌点缀于家具间，更加显得精致、典雅、魅力无穷。

图 1-11　清 酸枝木边座嵌螺钿料石葫芦插屏

（图片来源：每日故宫 App）

图 1-12　清 紫檀嵌珐琅绣墩

（图片来源：每日故宫 App）

3. 髹漆装饰

髹，指以漆漆物。饰，指以纹装饰。髹漆装饰是通过涂漆方式在木材表面进行装饰的一种手法。漆涂刷于木料上，留下一层耐水、耐热、耐磨并有光泽的保护膜。由于漆膜光滑、细腻、腴润，被大量用在家具表面的髹饰美化上，兼有美观性和保护性双重功能。髹漆装饰大体可归纳为：色髹、画漆、刻漆、填漆、罩漆、雕漆、堆漆、嵌漆八大类。

（1）色髹。《髹饰录》云彩篇记载："即各色料有银朱、丹砂、绛矾、赭石、雄黄、雌黄、靛花、漆绿、石青、石绿、韶粉、烟煤。"凡是可以入漆的颜料，都可以与漆调配成色漆髹于器面。色髹不借助纹饰，最能表现大漆的质地美和髹涂的工艺美。揩漆是漆工艺中最重要的一道工序。用木芨草或砂叶，蘸水细细砂磨，或用手指摩擦，反复交替进行而制成。据《鄞县通志》记载，"完成之品光泽净靓似象牙，质古雅可爱"。

（2）画漆。又分为描金、描漆、漆画、描油、描金、罩漆等数种技法，这些技法至今存活在各地漆器业，以福建、四川保存较全。描金也称作"描金银漆装饰法"。《髹饰录》曰："描金，一名泥金画漆，即纯金花文也。朱地、黑质共宜焉。其文以山水、翎毛、花果、人物故事等；而细钩为阳，疏理为阴，或黑里，或彩金像。"描金后的大漆家具显得更富丽堂皇，如：清中期黑漆描金龙纹宝座（图 1-13）。

（3）刻漆。在推光漆面用刀镌刻图案，统称"刻漆"。

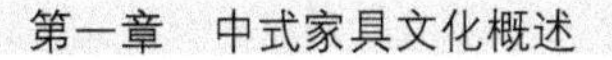

(4)填漆。即在漆器表面阴刻出花纹后,填漆或金银罩漆。(清)高士其在《金鳌退食笔记》卷下中记载:“明永乐年制漆器,以金银锡木为胎,有剔红、填漆二种。所制盘、盒、文具不一。填漆刻成花鸟,彩填稠漆,磨平如画,久而愈新。其合制贵小,深者五色灵芝边,浅者回文戗金边。古色苍莹,器传绝少,故价数倍于剔红。”由此可见,填漆工艺比剔红工艺更为复杂,制品价格也更高。

填漆又分为两种工艺。①镂嵌填漆:在上涂漆面上刻出低陷的花纹,填彩色稠漆,或贴金银箔以后填透明漆,磨平成画。②磨显填漆:在中涂漆面上以五色稠漆堆绘图案,或撒播干漆粉,或引起涂漆不平,或贴金银箔,罩透明漆,磨出规则或不规则图案。

(5)罩漆。透明漆罩于色糙漆面或各内装饰的漆面,因透明漆颜色深浅不同,髹罩厚薄和打磨轻重的不同,透明漆下的地色和装饰不同,呈现虚实冷暖层次的变化。漆画家用透明漆控制画面明暗。罩漆有罩金髹、描金罩漆、描金彩漆罩漆、罩于填漆、罩于堆漆、罩于嵌漆等类型。

(6)雕漆。又称剔红(图1-14)。油光漆兑入漆色,逐层髹涂到数十层乃至数百层,累积到需要的厚度。待干后,用刀剔刻有层次的花纹。“雕漆”和“刻漆”差别在于:雕漆雕的是厚积的油光层面,雕后图案凸起;刻漆是阴刻薄薄的推光漆层,刻后图案下凹。二者的呈现效果不同。

图1-13　清 黑漆描金龙纹宝座

(图片来源:每日故宫App)

图1-14　清 剔红缠枝莲纹开光博古纹柜

(图片来源:每日故宫App)

(7)堆漆。凡是用漆或油,或胶粘合碳粉等粉质材料在漆胎上堆起花纹,无论堆后雕刻或不雕刻,都属于堆漆的范畴。

(8)嵌漆。百宝嵌漆器就是在漆器家具表面,按照设计图案镶嵌上精美的、经过加工的珍贵材料。

4. 五金件装饰

明式家具的金属饰件主要有合页、面叶、钮头、吊牌、包角、提环、套腿等种类。匠人通常把铜制的饰件称为“铜活”,分为:素面、錾花、鎏金、锤合等装饰方法。金属饰件的安装手法可分为平卧法和浮钉法。五金件不仅作为家具构件,还具有装饰作用。

四、传统中式家具的造型风格

明式家具质朴简洁、豪放规整,分为有束腰和无束腰两大类。尺度适宜,比例匀称;收分有致,稳健挺拔;以线为主,富于弹性;造型大方,细部精致是其特征。王世襄先生在《明式家具研究》中提出明式家具十六品:简练、淳朴、厚拙、凝重、雄伟、圆浑、沉穆、秾华、文绮、妍秀、劲挺、柔婉、空灵、玲珑、典雅、清新。这十六品很能体现明式家具的特点。明式家具的巨大成就,奠定了中国家具在世界家具史中的地位。

故宫博物院现存明清宫廷家具6200余件。品种涵盖坐具、卧具、庋具、承具、屏具五大主要类型。康熙时期家具制作风格浑厚质朴;雍正时期家具的特点清雅隽丽。乾隆时期家具用料珍贵,式样丰富,充分展现了明清家具在设计、制作方面的精髓与意蕴。

国外第一个为中式家具著书立说的人是德国人古斯塔夫 · 艾克(Gustav Ecke),他的专著《中国花梨家具图考》(《*Chinese Domestic Furniture*》)出版于1944年,是客观剖析中国明式家具艺术方面的经典著作。1971年,美国人安思远(R. H. Ellsworth)的《中国家具》(《*Chinese Furniture*》)是一本介绍中国北方家具风格的重要文献,在中国家具研究史上占有重要一席。Louise Ade Boger 的《家具风格的完整指南》(《*The Complete Guide to Furniture Styles*》),对美国近现代家具的式样做了较为详尽的介绍,同时还以适量的篇幅对中国风格做了介绍。这些著作,对中式家具的鉴赏及新中式家具设计具有积极的意义。

第二章　生活方式与中式家具文化观照

家具是指人们在生活过程中使用的各种家用器具，家具与人们的生活方式紧密相关。据统计，人的一天中至少有一半的时间是和家具密切接触的，从家具的类型、造型和功能上，可以明显地看出人们的生活方式，它是生活方式的缩影。

家具首要的任务是满足人们最基本的生活需求。清代李渔认为："凡人制物，务使人人可备，家家可用。"中式家具形成的原因是多方面的、综合的。中国是一个"大杂居"和"小聚居"多民族相融合的国家。各地区的家具在相互交流的同时，又始终保持着各地浓厚的色彩。人们起居方式的变化对我国家具的发展变化起着主要作用，同时，经济和制作工艺也是制约其发展的因素。家具形制的变化反映了中华民族起居方式的转变。可以说，家具推动了民族生活方式的前进脚步。而生活方式的转变又直接影响着家具形制的演变，可见家具形制与生活方式的关系最为密切。

第一节　生活方式概述

生活方式随着社会的发展而变化，是一个历史范畴。不同社会、不同历史时期、不同阶层和不同职业的人有着不同的生活方式。

早在 1846 年，马克思同时提出生产方式和生活方式两个概念。人们用以生产自己必需的生活资料的方式，首先取决于他们得到的、现成的和需要再生产的生活资料本身的特性。在社会生产的每个时代，都有"这些个人的一定的活动方式、表现他们生活的一定形式，他们的一定的生活方式"。恩格斯也说过：人们必须首先吃、喝、住、穿，然后才能从事政治、科学、艺术、宗教,等等。

张家冀认为:人们的生活方式,决定于社会的生产方式,是随着生产方式的变革而演变的。生活方式不但要受社会环境和社会条件的制约,同时也受到自然环境和自然条件的制约。生活方式既包括人们的物质生活方式(生产、交换、消费等方式),也包含着精神生活方式(思维活动、心理状态以及审美方式)。有血缘和地域结合而成的民族群体,形成民族的生活方式。一定的社会生产发展阶段,形成一定的社会生活方式。

本书对生活方式研究的理论框架主要包括生活方式的概念、界定和结构。

一、生活方式概念及界定

生活方式是指在一定生产方式基础上产生,同一定的社会生活条件相适应,在客观条件下形成和发展的人们生活活动的典型方式。生活方式是一个内容相当广泛的概念。最早由心理学大师(Alfred Adler)阿尔弗雷德·阿德勒提出。生活方式指"个人对特定社会环境和文化空间的认知下所外显的形态"。20 世纪 50 年代末以来,生活方式研究成为各国学者关注的对象。50—60 年代,美国等西方学者主要针对西方社会中人们急剧变化的价值观念和各种人生理想冲突的现实,试图通过对生活方式的选择问题的研究寻求解决各种价值冲突的答案。70 年代以来,西方学者主要关注的课题是新技术革命将给人们的生活方式带来哪些变化,如何建立一种"平衡的"生活方式。中国学者对生活方式的研究始于 80 年代初。

目前我国学术界在生活方式研究上大致分两种:①广义的生活方式是指人们在一定社会条件制约和一定的价值观指导下形成的,满足自身需要的生活活动特征和其表现形式。人们生活领域应当涵盖劳动生活、政治生活、物质消费生活、闲暇和精神文化生活、交往生活、宗教生活等广阔的领域。②狭义的生活方式概念指人们的日常生活活动特征和其表现形式,是表面性行为,即日常生活的行为模式,把"生活"限定在日常生活领域。如:物质消费、精神文化生活、家庭内的生活活动等。这些生活内容和行为姿态决定了中式家具的构成要素。

本书中所研究的生活方式,并不是研究生活方式的每个方面,主要思路是把生活方式转化为消费方式来研究。研究生活方式中对中式家具的需求、发展与影响的方面。这里我们主要从时代特点上把生活方式区分为传统生活方式与现代生活方式两大类。

现代生活方式指的是人类社会进入工业文明以后新形成的,有别于以前社会形态的

基本生活形式。生活方式体现为主体和客体即社会生活活动条件和作为生活活动主体的人的结合,其外在表现即生活行为。今天的生活方式是从20世纪70年代末延续发展而来的,其主流发展趋势至今仍没有变。因此,本书以“明清时代”的生活方式为参照,研究今天的生活方式特征。本书对于现代生活方式的时间界定为20世纪80年代至今,40余年时间。

二、生活方式指标体系结构

生活方式是一个内涵丰富、结构复杂的概念。对于生活方式指标体系结构,学术界比较有代表性的如下。

(1)罗萍、殷燕敏等人设计的指标体系。包括以下内容:①收入状况,包括城镇居民生活费收入、职工平均工资;②消费结构,包括恩格尔系数、消费水平、能源消费、热量、蛋白质、用电量,以及拥有电冰箱、电视机、电话、空调、摩托车、私家汽车等情况;③住房条件,有住房面积一项;④婚姻家庭,包括家务劳动和有无配偶以及家庭完整率;⑤社会服务;⑥健康状况;⑦文化教育;⑧经济环境。这八大类因素包括38个具体指标(罗萍、殷燕敏、张学军等)。其中前三项对中式家具的影响至关重要。

(2)王雅林认为生活方式测评指标体系主要由两部分组成:一部分是社会主体活动本身的指标,其中包括人们的劳动活动、消费活动、社会政治活动、闲暇活动、交往活动等指标;另一部分是生活活动条件指标,即人们存在和发展条件的质与量的指标。

(3)吴焕文在生活方式指标体系初探中提到:它应该包括主观指标、客观指标和行为指标,即生活水平、生活满意度和生活合理度。以便于对生活方式进行监测和引导。

1)客观指标。把生活质量研究重点放在影响人们生活的物质条件方面,即从影响人们物质生活和精神生活的客观条件方面理解生活质量。生活水平(客观指标)包括:经济(人均国内生产总值)、社会结构、人口素质、生活保障、社会秩序、社会稳定等方面。

2)主观指标。把生活质量研究重点放在对人们的主观生活感受方面,也就是从反映人们生活的舒适、便利程度的主观感受方面理解生活质量。生活满意度(主观指标)主要包括:居住与环境满意度、工作满意度、家庭满意度、消费生活合理度四大类。生活方式导致住宅功能的改变,与中式家具关联最大的是居住与环境满意度。

3)行为指标。生活合理度(行为指标)包括五方面:消费生活、闲暇生活、劳动生活、政治生活、健康。其中影响中式家具的因素主要有:消费生活和闲暇生活。消费生活可

分为:消费观念、消费结构和消费方式。闲暇生活可分为:闲暇活动结构、闲暇活动内容、闲暇时间利用率。

本书以吴焕文提出的生活方式指标体系结构(图2-1),作为理论研究依据。在现代生活方式上,结合研究需要,主要探讨生活方式主观方面和行为方面对中式家具有影响的指标。这些指标对我们研究现代生活方式对新中式家具的需求、发展与影响有很大的帮助。

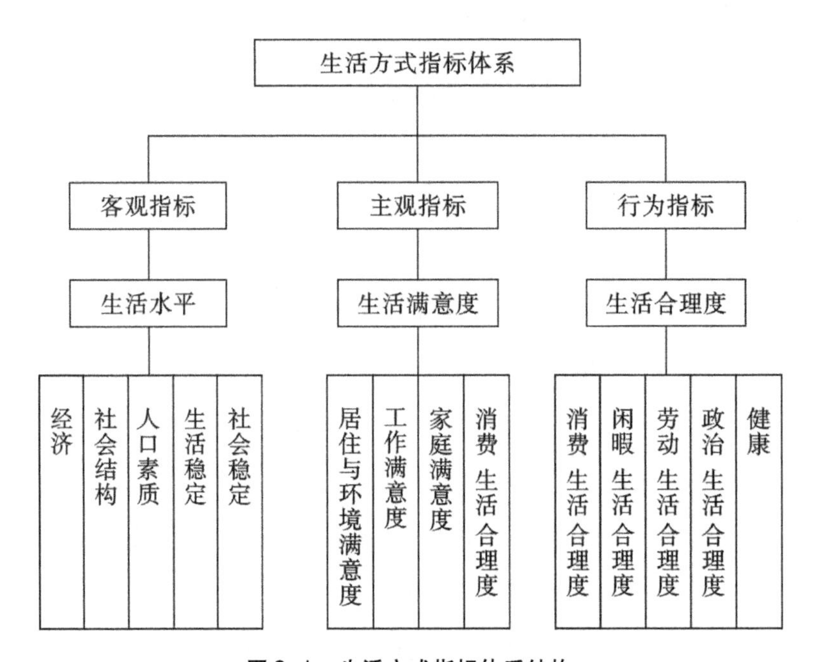

图2-1 生活方式指标体系结构

传统生活方式上,笔者试着从古人日常生活的行为模式入手,从精神生活文化、物质生活文化两方面,探讨传统生活方式对中式家具文化的影响。

第二节 传统生活方式与家具文化

一、精神生活与中式家具

中国传统家具起源和发展始终保持着中华民族的特色。主要以封建社会为基础,带

有浓厚的封建主义色彩。受中国古代儒教、道教等思想的影响和文化熏陶，体现了独有的宗教、学术思想。中国传统家具设计有着尊严第一、舒适第二的总设计原则，这与我国历史上长期积累起来，世代流传下来的传统生活方式有关。其中以明式家具最具代表性，设计思想也较为成熟。独有的精神文化对中国传统家具的形成和发展产生了重要的影响。精神生活文化具体体现在哲学思想、思维方式、审美文化与民俗文化等几个方面。

1. 哲学思想与中式家具

中国古代哲学流派众多，春秋战国诸子百家，出现百家争鸣的局面。其中对家具文化影响较大的是道家、法家、儒家、阴阳家等哲学思想。受哲学思想的影响，中式家具遵循着天人合一、追求意境、崇尚自然、崇尚科学等设计思想。宗教主题也广泛地出现在人们日常的生活和传统中式家具中。

(1)道家——道器结合与天人合一。道家运用天道运行的原理，开展了以自然义、中性义为主的“道”的哲学。人们遵循着《周易·系辞》“形而上者谓之道，形而下者谓之器。化而裁之谓之变，推而形之谓之通”的制器道理。道家思想认为:“人法地，地法天，天法道，道法自然。”也就是说，整个大自然，都是在“道”的管理下，按照一定的法则在运行着。“道法自然”按字面解释是指:自然是道的一个特性，追求“天人和一”的宇宙观和人与自然的和谐。人们认为家具不过是人适应环境的一种物质。道家文化不仅贯穿在传统中式家具设计中，也深深影响着中国艺术、绘画、文学、雕刻等各方面。

(2)法家——依法治国。法家在法理学方面做出了贡献，对于法律的起源、本质、作用，法律同社会经济、时代要求、国家政权、风俗习惯、伦理道德、自然环境及人口、人性的关系等基本的问题都做了探讨。家具的使用和设计思想上所体现的等级观念、伦理道德观念就是受到法家的影响。

(3)儒家——封建礼制、佛教思想。西汉初年，汉文帝、汉景帝以道家思想治国。其后，儒家学者董仲舒向汉武帝提倡“罢黜百家，独尊儒术”的政策。礼法作为国家政策的根本大法，也是当时中国传统价值体系的主体。儒学世界观基本上以对天的理解以及天人关系的各种形态的可能性之优劣比较与选择等两个问题为出发点，作为其建立世界观的主要脉络。中国传统家具，尤其是明式家具充分反映儒家思想。无论是从装饰、造型还是品种、功能、结构等方面，明式家具都倡导简约的生活方式。儒家传统的价值意识主导着道德信念与家庭伦理。

(4)阴阳家——阴阳之理。“阴阳五行”是中国古代关于宇宙生成的理论。阴阳是古

人对宇宙万物两种相反相成的性质的一种抽象，也是宇宙对立统一及思维法则的哲学范畴。阴阳学说的基本内容可用“对立、互根、消长、转化”八字括之。阴与阳的对立统一表达自然界的辩证关系，追求一种动态平衡。

阴阳之理后来发展成指导人们行为的基本准则，对建筑、室内与家具设计艺术都产生了深远的影响。这种阴阳的哲学在明式家具中体现为用虚实的手法创造出的优秀形式，如开光墩、开光几、翘头案。虚实相接的体面关系，让人感到空而不虚，实而不滞。如清式太师椅与明式玫瑰椅，从其体量与形式之间的区别来看，也是阴阳之理很好的体现。

2. 传统观念与中式家具

一个民族的思维方式，常常受到人们自身所处的地理环境，以及历史与文化渊源的制约。受传统哲学思想的影响，人们的思维方式也发生改变，并产生了建立在宗法等级观念、父权家长制、家族主义基础上的依附型生活方式。这种思维方式深刻地体现在中式家具的造型上。

(1)等级观念。封建思想强烈的等级观念通过家具文化表现出来。《西京杂记》有载：“汉制天子玉几，冬则加堤锦其上，谓之堤几。……公候皆以竹木为几，冬则以细罽为豪以凭之，不得加堤锦。”从中可以看出，在家具的使用上体现出不能逾制的等级观念。长期以来完整有序的等级观念，形成了我国独特的家具体系。传统家具造型也隐喻着人们的思想意识和理想追求。比如清代家具中的太师椅，座面和座背过于僵硬，并不符合人体工程学，与圈椅所表现出对人的关心是截然相反的。然而在清朝，太师椅作为等级的象征却极为流行。

(2)伦理道德观念。在明代，交椅是有地位、有权势、有钱的人使用的坐具，大多设在厅堂，供主人和贵客享用。圆墩类坐具，按照等级观念，它是女性坐具。因此，多放置于庭院、闺房，女性和下等人只能坐圆凳或马扎。体现男尊女卑的伦理道德封建思想。

(3)唯变所适的辨证思维。《周易·系辞传下》曰：“《易》之为书也，不可远，为道也屡迁。变动不居，周流六虚，上下无常，刚柔相易，不可为典要，唯变所适。”即适应实际情况的变化而变化的应变哲学的基本原则。家具设计根据不同的地域文化而变化。这种思维方式体现在对外来文化的兼容性上，汲取外来文化元素运用到家具设计中。如明式家具中，交椅就是结合少数民族传入的胡床发展而来的。

(4)注重私密性。大门正对的太师壁或屏风，起到挡风避邪和加强厅堂私密性的作用。架子床是传统中式家具中，最具有代表性，体量最大、结构最复杂，最能体现出传统

私密生活方式的家具。而架子床私密性的产生与中国人传统的居室活动习俗有密切的关系。

(5)男主外女主内的社会分工观念。通常在厅堂中央放置一张可开可合的圆桌,当其合并时,称为“团圆桌”,当其分开时,称为“半月桌”。桌四周放方凳或鼓凳。男主人出门在外则将圆桌分开,回来则将两张半桌拼成圆桌,示意团圆。

(6)传统居住观念的影响。中国传统居住空间多强调中轴对称,根据家庭伦理关系又细分为各种空间,并按辈分、等级、性别井然有序地排列起来。在中国人的传统观念中,只有生活在同一屋檐下方可称得上“自家人”,所以形成了数代同堂的大院落。在自家屋宅的建造中,古人强调“庭院”,所谓庭者“堂阶前也”;院者“周垣也”,即室有垣墙者曰院。这种传统生活中的居住文化则成为传统室内设计的基础,对中式家具及陈设产生了重要的影响。

3. 传统美学文化与中式家具

中式家具蕴藏着我国民族文化审美观念,强调家具在意境上的渲染作用。善于用写意的手法提取其他器物和建筑上的精华部分,而加以简练和浓缩,表现的是一种含蓄、深刻、着意于形的美。人类审美观念反映在家具的形制上,体现了不同时代、不同阶层的迥然而异的审美情趣。归纳起来,具体体现在以下几个方面,见表2-1。

表2-1 中国传统审美观与家具风格变迁

序号	朝代	审美	家具风格
1	商	崇拜巫术美	神秘、凝重
2	周	理性、秩序美	规范化、系列化风格
3	春秋战国	激情美、浪漫美、人生美	浪漫神奇
4	秦汉	“非壮丽无以重威”的审美	气势、壮丽
5	魏晋南北朝	清远、空灵、超逸、潇洒为美	婉雅秀逸
6	唐	华丽、丰满的美和多元化	雍容大度、华丽润妍
7	宋	明理学,清淡的美、含蓄的美	内敛含蓄
8	元	简洁隽秀	融入外来元素
9	明	成熟、精致、古雅精美	质朴简洁、豪放规整
10	清	繁褥之美	后期中西合璧,体积变大,花纹烦琐

(1)中轴对称之美。对称均衡之美不仅体现在城市规划、建筑设计上,甚至体现在传统室内布局与家具设计上。作为传统室内陈设主体的家具,都采用成组成套的对称方式,陈列在厅堂中,以厅的中轴线为基准,且根据明间的条案或方桌为轴对称布置。布局中规中矩、严谨考究。家具本身也遵循着中轴对称的原则而设计。

(2)崇尚自然,追求意境之美。传统的哲学思想对当时人们的审美方式产生深远的影响。中华民族一贯崇尚人与自然、个体与社会、理性与感情、物质与心灵的交融与统一,讲究用极简练的艺术语言恰到好处地表达事物的内涵与外延。中式家具最显著的特点之一是崇尚自然美,家具上体现了崇尚自然的设计思想。如,道家的"空"是放弃功利的审美观,而更加重视无功利的审美态度。明式家具的不加漆饰,不多装饰,充分发挥木材的纹理和色质,体现了当时崇尚自然,追求意境的审美趋向。

(3)审美与实用。家具形制和人类审美观念同步发展规律,也是由设计艺术实用和审美的双重功能所决定的。审美思想观念在满足使用功能的同时,在每个部件施以不同的艺术造型,或以各种手法对构件表面装饰各类纹饰,使器物既具实用性,又具观赏性,在视觉效果上给人以心情舒畅的感受,体现审美与实用相统一的特点。如:屏风、博古架、书架等家具陈设,创造出变化丰富、隔而不断的流动空间,更是达到了实用功能与装饰美化的和谐统一。

(4)含蓄内敛之美。在家具设计上突出表现为对家具的虚实、空间感、体积感、重量感的认识,以及对造型和尺度的把握,家具与人之间亲和力的理解。从文化心理的角度而言,私密性较强的架子床也正是国人含蓄内敛性格的集中体现。

(5)趋吉避凶的审美思想。"吉祥",即预示好运之征兆、祥瑞。传统吉祥图案是在数千年的造物活动中,不断融合历代能工巧匠的智慧与创作设计才华,融合中国的道释玄儒、政治伦理和民情风俗而发展起来的,最具民族特色的装饰艺术造型设计体系。装饰题材是地域性、民族性、时代性的重要体现。对传统家具的影响主要体现在彩绘、雕刻、镶嵌图案的题材上。根据古代传统习俗立意选题。中式家具上的装饰题材可分为纹样图案和寓意图案两大类。具有一定的意境,寄寓"趋吉避凶"的思想意识,表达了人们向往幸福生活的美好愿望。

4. 传统民俗与中式家具

民俗,通常指民族民间风俗。民俗文化,是在普通人民的生产生活过程中所形成的一系列物质的、精神的文化现象。民俗事象都代表着这一历史时期的民族感情、民族心

理特征、思维方式、生活模式，以及民族的伦理道德观念和价值观念。

家具在特定的民俗事象里扮演着载体的角色。它实际上体现了一个时代、一个民族的生活习俗，它的演变也体现了社会文化以及人的心理行为和认知的发展。早在《诗经》里，就有大量民俗民风的记载。汉代国家统一，社会的安定和经济的发达，带来了科学的进步，民俗活动也随之兴盛。汉武帝时颁行的《太初历》，采用了夏朝的历法以正月为岁首，并确定了二十四节气，除夕、元旦、元宵、端午、重阳等节日成型。民俗与社会生活紧密相关，涉及居住、服饰、饮食、家具等人类生活的各个方面。

（1）桌案与食文化。俗话说：民以食为天，可见"食"对于人类生活的重要性。我国地域广阔，因此而形成东、西、南、北不同的饮食特色，表现出地域、习俗、口味等诸多差别。在几千年的发展中，形成了以儒家思想为依据的，"饮食成礼"的饮食文化，如："举案齐眉"。在传统饮食文化的影响之下，发生"食"这种行为的空间和时间也变得十分讲究。从而形成了传统餐饮空间设计重"礼"的观念。体现在桌案家具上，桌案的规格、摆放位置、使用场合，都有严格的规定。不同地区各具特色的饮食风格又直接影响该地区餐饮室内空间的特征，如室内装饰的繁杂程度、室内色彩、室内陈设等。

桌案承载着不同的节日风俗内容。如：腊月二十三的祭灶桌；除夕夜的祖宗桌、团圆饭桌、祭诗桌、天地桌；正月初二祭财神桌；元宵节的观灯宴与家宴桌；清明的祭桌；端午节的欢宴桌；七夕夜的乞巧桌；中秋节的祭月桌、赏月宴桌；重阳节的菊花会、登高宴桌；寿宴桌。曹雪芹在《红楼梦》里面也多次提到各场面中家具的使用，如：供桌、竹案、花梨圆炕桌、合着地步打的床几椅案等。

（2）床塌与节日风俗。节日风俗中的床，不仅仅是休养生息的所在，更是繁衍子孙的象征。子孙兴旺，后继有人，是中华民族的传统观念。民俗节日中床的使用，是这一传统观念的体现与延伸。床在节日风俗中，也贯穿着求子、送子和子孙长命的愿望。如："熏床炕""撒雄黄于床""莲花灯悬于床""葫芦儿挂于床""蓬鞭蒲剑悬于床""奉床若神"等风俗。说明床已经超越了它自身的功能与价值，而被赋予繁衍子孙、继世传家的内涵了。

（3）家具与婚礼。床在婚礼中占据重要地位，婚礼仪式中，有铺床、暖床、撒床、坐床、鲜花布床等。洞房里的床是装饰、布置的重点。婚床的床上用品都具有吉祥寓意，如："麒麟送子""和合二仙""瓜瓞绵绵""百子图""吉象（祥）如意""戟罄（吉庆）有鱼（余）"等图案。五个煮熟的红蛋放在床前的子孙桶上，象征五子登科。此外拜堂的天地桌，喜堂上的桌椅的装饰与陈设都有要求。浙江的"十里红妆"家具及婚嫁习俗就是典型的代表。

千里不同风，百里不同俗。中国地域广大，民族众多，民俗事象也是丰富多彩的。这些民俗事象中的家具，已不再是单纯的生活用具了。桌案反映了食文化，床榻也不仅是睡卧工具，它与民俗事象融为一体，被赋予民族感情、民族习惯等民俗文化的内涵。

二、物质生活与中式家具

每个时代出现的新科学、新工艺、新材料、新技术，必然会给家具带来新的品类、新的造型、新的装饰，产生新的艺术风格。家具的发展亦是如此，从铜制、髹漆、硬木工艺到各种装饰工艺的运用都体现了当时科技发展的水平。家具的产生是人类物质生活的需要，而家具形制的发展，也是和物质生活的发展同步的。

1. 科学技术的发展与中式家具

中国拥有五千年的文明史，不仅拥有灿烂的文化，科学技术也达到了相当高的水平。

爱因斯坦说："科学对人类事物的影响有两种方式。第一种方式是大家都熟悉的：科学直接地、并且在更大程度上间接地生产出完全改变了人类生活的工具。第二种方式是教育性质的——它作用于心灵。"

在制造工具及传统家具的设计上充分体现了我国人民的聪明才智。如《营造法式》里的水平真尺（图 2-2），以及《鲁班营造正式》中的水鸭子图样（图 2-3）。宋徽宗的《听琴图》中描绘了琴桌这一家具："桌体不大，仅容一琴。面下四围装板，有花纹。下有底。……琴桌弹奏产生共鸣。"琴桌留出的透气孔，形成了音箱，它能与琴声产生共鸣，提高音色质量。从该段文字的描述可以发现古人对声学特性不仅有了较深入的研究，而且反映在家具的设计和制作上。最富有时代性的设计艺术，实际上都是科学技术与艺术相结合的产物。

2. 以农为本的生活方式

家具的发展主要是根据人们起居方式的变化而向前发展。虽然受时代科技水平的限制，在材料、工艺等方面会受到影响，但就其本质——功能、形制、尺寸等，主要还是受到人们起居方式的制约。

家具产生于"家"这一概念的形成。以农为本的生活方式塑造着中国人的自然观。在原始社会时期，由于物质生活有限，生活空间的不稳定，穴居或巢居生活是当时的主要方式。在食不果腹的条件下，并无家具这一物质要求。距今约 6000—7000 年前，中国进

入氏族社会阶段，人们开始从事农业生产，逐水而居，有了定居生活。以火塘为中心的住宅，形成了“家”的生活空间，才产生了家具。中国五千年农耕文化形成的对土地强烈的归属感，是传统“内向型”围合式建筑的成因，随着物质生活的改善，家具形制也变得越来越丰富。

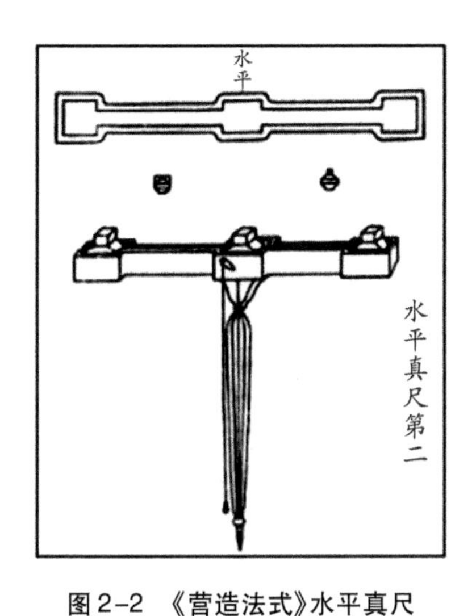

图 2-2　《营造法式》水平真尺

（图片来源：李诫，《营造法式》，中国书店，25 卷：3）

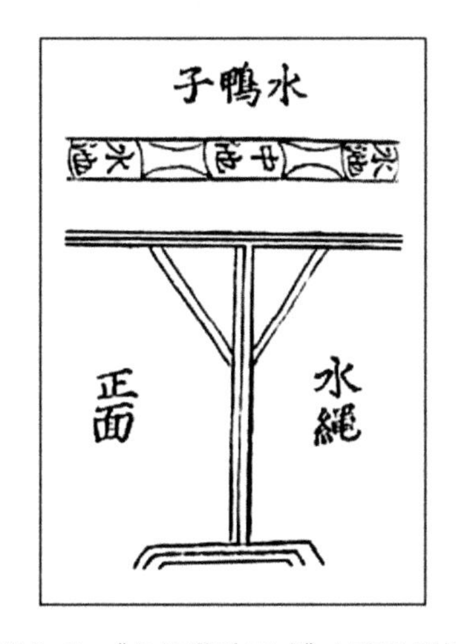

图 2-3　《鲁班营造正式》水鸭子图样

（图片来源：公输般，《绘图鲁班经匠家镜》，育林出版社：7）

3. 起居方式的变化

（1）家具由“席地而坐”向“垂足而坐”演变。我国家具形制发展的重要特点是人们的生活方式由“席地而坐”向“垂足而坐”逐渐演变，人们室内的活动从床上移到了地面，反映了当时社会物质生活发展的变化。唐代以前家具形制都是以低矮型为主，这和当时人们席地而坐、席地而卧的起居方式有关。汉代开始从西方传入“胡床”这一高坐形制家具。使中国传统的起居方式发生了变化，到了宋代人们垂足而坐已经成为主要的形式，室内家具与陈设开始讲究起来。此外，民间家具和宫廷家具也存在差别。

（2）不同地域家具使用的差异。起居方式的不同导致同一时期、不同地域的家具设置有所差别。如：内陆和沿海地区居住家具设置的差异，南北地区家具设置的差异。北方地区由于天气干冷，人们吃饭、会客、休闲和睡觉等活动都在炕上进行。形成以炕为中心的生活方式，家具也以炕为中心出现炕几、矮柜等家具系列。南方地区气候潮湿炎热，形成了以床榻为中心的传统居室活动习俗。建筑采用天井式格局，房屋采用木板做隔断，屋内使用拔步床有利于通风。拔步床由架子床和围栏组成，床前有廊，廊内两侧多放置桌凳、马桶等家具，作为独立、私密的活动空间。

三、传统生活方式与家具种类

人们的生活方式产生了需求，需求决定了家具的式样。家具以其特有的功能形式和艺术形象长期地呈现在人们的生活空间。由于生活方式发生变化，人们从席地而坐逐渐转化为垂足而坐。高型家具始于魏晋南北朝时期，发展于隋唐五代时期。到宋代，高型家具基本定型，制作工艺也日趋成熟，家具品种和形式增加，多为高型制。元末明初的《鲁班经》中，家具形制就有30余种。每种家具都有尺寸、卯榫结构、线脚、装饰等详细的记载。中国传统家具在明清达到鼎盛时期。家具的使用已进入了百姓的日常生活，家具种类繁多。明清传统家具按照功能形式分主要有：坐具类、几案类、橱柜类、床榻类、台架类、屏座类，六大类近60个品种。它从各个方面满足了人们居住、贮藏、玩赏、社交、文化、娱乐的各种需要，创造了具有时代气息和文化氛围的理想室内环境。中国古代家具的种类变迁见表2-2。

表2-2 中国古代家具的种类变迁

序号	历史朝代	特点	家具品种
1	原始社会时期	以树桩、石块作墩	原始家具雏形“丌”
2	商周时期	青铜家具与漆木家具	铜禁、铜俎（有家具的基本形象）、木俎；几、榻、桌、案、箱柜的雏形
3	秦汉时期	以床榻为中心的低矮型家具	床、榻、几、案、屏风、橱、箱和衣架等（形制上较矮）。案到汉代多设于床前或榻的侧面；屏风则呈两面或三面形，围在床的后边和侧边
4	魏晋南北朝时期	文化交融带来新的起居方式（佛教传入）	已有高型家具。床和榻的尺度加高，屏风（可折叠移动）、方凳、圆凳
5	隋唐五代时期	高低错落的过渡阶段，高低型家具并存的局面。髹漆家具、螺钿镶嵌技术，床榻用壶门装饰	短几，长、短案，方、圆案，高、低桌，方、圆凳，靠背椅，扶手椅，藤墩，床，榻，巾架，衣架，箱，柜，橱等
6	宋元时期	以桌椅凳为中心的高型家具	高型家具已经定型化
7	明代	明式家具风格	椅凳类、几案类、床榻类 橱柜类、屏座类、台架及其他
8	清代	清式家具风格	家具种类和明代基本相同

第三节　现代生活方式与家具文化

改革开放使我国城市居民生活方式发生重大改变，经济增长的方式和人们的消费方式有了明显的变化。随着生产的发展和生产方式的变革，物质生活资料日渐丰富，商品经济迅速发展，人们生活水平也在不断提高。据国家统计局公布的党的十八大以来经济社会发展成就系列报告显示：2021 年全国居民人均可支配收入 35 128 元，比 2012 年的 16 510 元增加 18 618 元，累计名义增长 112.8%，年均名义增长 8.8%。居民收入增长与经济增长基本同步，2013—2021 年居民人均可支配收入年均实际增速快于人均国内生产总值增速 0.5 个百分点。

中国加入 WTO 后，已成为世界第一家具生产国、出口国及消费国，生产及出口占全球的比重超过 38%，消费占全球 28%。随着国内国际产业格局不断变化，我国市场已经从大众化消费时代进入了多元化时代。消费模式与市场需求日新月异，对家具的要求也越来越高，传统的、单一的家具产品已经不能满足市场的各种需求。

生活需求决定了生活方式，特定的生活方式联系着特定的生活需求。在经历了相当长时间的失衡、失序后，传统的一整套稳定的、内在的、封闭的生活方式行为体系被冲垮。逐渐走向现代社会所需要的生活方式系统，向有现代化特色的生活方式发展和过渡。随着现代科学技术的发展和进步，体力劳动越来越多地被现代科技所代替，生产方式朝着机械化、自动化、智能化的方向发展。这不仅根本地改变社会生产的面貌、生产方式、性质和内容，而且影响到社会结构和社会生活的方方面面。

生活方式的变化还直接或间接影响着一个人的思想意识和价值观念。家具无论是作为一种文化的载体，还是仅仅作为人们生活中一类物化的功能性产品，它的演变都必然会烙上人们生活方式变化的痕迹，从一个侧面反映出人类社会的变化。因此，人们生活方式的演变影响着家具设计，通过研究现代人的生活方式，可以从宏观上把握人们生活需求的现状和趋势，从中突破传统家具局限性，并使其多元化、实用化，进而指导家具设计的方向和步伐。

一、现代生活方式对中式家具的影响

在信息化城市社会中，人们工作方式、学习方式、交往方式、家庭生活方式、文化娱乐方式等各领域都发生了深刻变革。生活水平提高、生活观念改变、余暇时间增多导致传统的生活方式和观念受到了挑战。明清时代的生活方式与现代相比差异显著，我国传统生活方式所固有的依附性、封闭性、保守性与现代生活方式所要求的自主性、开放性、进取性，在本质上是两种根本不同的生活方式。

在宏观分析的基础上，笔者试着从精神生活和物质消费生活两个方面着眼，探讨生活方式变革对中式家具的影响。

1. 精神生活对中式家具设计的影响

(1)外来文化与中式家具。人们在家具精神层面的需求受到传统文化复兴和外来文化进入的影响，带来家具设计上的变化。1840 年鸦片战争后，随着资本主义生产方式的兴起，传统家具发生了相应的变化。我国沿海的通商口岸，出现了外商投资开办的家具厂，有的制作经营中国传统家具，有的专门仿制欧洲古典家具或美国殖民式家具，从而影响了中国近代家具的品种、形式、结构和工艺制作。20 世纪 20—30 年代，随着西方各种设计思潮的传播，中国近代家具在沿海一些大城市呈现出复杂的变化，形成了“近代式”“摩登式”“混合式”“大沿帽式”“茄门式”，以及日本占领中国时的“复兴式”“兴亚式”等家具形式。40 年代盛行一种美国的“流线型”家具。与此同时，中国的传统家具与现代家具按不同的经营方式发展，比较简化的榫结构开始广泛流行。

以民国家具为例。受西方文化的影响，民国的客厅家具主要有陈列柜、牌桌和椅子，具有展示和休闲两大功能。陈列柜品种多，且安装了玻璃柜门。牌桌比传统八仙桌略小，四面设计抽屉，对应摆放四张椅子。一般陈设在客厅中央，便于打牌、休息、聊天、饮茶等休闲活动。椅类在细节上发生变化：靠背向后倾斜，椅子坐面变窄，腿足造型发生了变化。此外，品种增多，出现软座垫椅、转椅、躺椅、摇椅、沙发等新品种。受欧式家具的影响，民国卧室中出现了新的家具品种：片床、挂衣柜、五斗橱、梳妆台、穿衣镜等。民国书房家具布局不同于明清时期的书房，书房的用途是写作兼客厅(图 2-4)。书房内不再摆放床榻，只是陈设书桌、书柜、转椅、沙发等家具。民国的书柜和书架在式样上不同于明清书柜。由于当时书籍的装帧形式逐渐改为西式装帧。书的摆放方式也改为站立摆放。因此出现了适宜书站立摆放的书柜和书架。

图 2-4　南京总统府办公室家具陈设

（图片来源：摄于南京总统府）

从新中国成立到 1978 年的几十年间，受当时经济和社会政治的影响，家具只能满足人们最基本的生活需求。很多家庭没有真正意义上的家具，即使是结婚也很少置办家具。随着改革开放的发展，80 年代后，城乡人民生活水平提高，人们的生活发生翻天覆地的变化，对生活的品质也开始讲究，对家具的要求也越来越高。1982 年，我国家具的制作标准得到了明确。根据人体工程学原理和中国人的生理特点，确定了椅子的高度、长度、宽度，以及靠背的倾斜度。“组合式家具”广为流行。同时家具的供需矛盾日趋激烈。人们常用“32 条腿”和“48 条腿”来形容桌、椅、床、柜等整套家具。

90 年代是我国家具发展的一个辉煌时期。在经济高速增长、建筑和室内装修业繁荣的形势下，不断涌现出高档次、个性化的产品，以适应不同消费层次、不同审美情趣的市场需求。80 年代流行的组合柜这种大容量的家具，因其形体过大，且不可移动，遭到人们的遗弃。到 90 年代末，随着改革开放的深化，人民群众经济收入、生活水平的提高，国外厨卫文化的传播影响，欧美整体厨柜引入，人们生活方式逐步改变。现代家庭厨柜这一新生事物迅速在大陆各地蓬勃发展，并形成了庞大的产业市场。但是此时，研发中式厨房橱柜的企业很少。

21 世纪，传统的红木家具经过改良设计，充分考虑现代人生活的实际需要，将人体工程学融入传统造型中，并汇聚了中外家具中的经典元素。这些改良式红木家具虽然外形古朴，但现代家具的各种使用功能均已具备，基本能满足现代人对于舒适的追求。此外受现代家具的影响，新中式家具概念也随之产生。胡景初教授在《中国家具设计进展》一文中，把中国家具设计发展历程描述为“仿形—追风—领潮”三个阶段，而中国家具业现

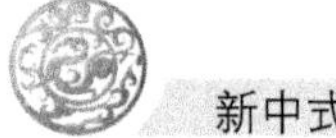

在正处在由“追风”向“领潮”逐渐过渡的阶段。如：京瓷、红古轩等家具企业在新中式家具设计上都有自己的特点，体现了传统与现代的完美结合。

（2）思想观念与中式家具。商品经济迅速发展，生活节奏加快，人们的消费观、审美观、居住观、文化观与价值观发生转变。《2022 中式红木家居消费趋势报告》显示，近年来消费者的家居消费观以及风格偏好发生了重大转变，中式红木家居对于消费者的吸引力逐渐增强。这归因于红木家居“国潮、健康、艺术、品质、高定、破界、保障、智慧”的八大维度特征。消费形式从单一性向多样化发展，除了希望家具实用之外，也希望家具能赏心悦目，人们从物质消费为主逐渐向精神消费方面转化。因此家具的心理功能，即精神层面的需求对家具的影响尤为重要。

1）消费观念。2022 世界家具联合会年会暨世界家具论坛报告指出：中国家具 2021 年实现产值 2004.68 亿美元，出口总额 751.35 亿美元，消费 1275.04 亿美元，分别占世界总量的 36.72%、36.65%、24.52%。居民消费水平持续提高，消费能力不断增强。人们在消费的种类、数量和形式上都有了更多的选择余地，而众多的选择将使人们的生活方式呈现出越来越明显的个性化色彩，即个性化的消费观。

首先现代消费者会将家具的功能、舒适性放在首位。对明椅的细节部分进行符合现代人生活起居习惯的改造已势在必然，否则像明椅这类的古典家具很难融入我们的现代生活。其次，传统中式家具与现代个性化的消费观念不符。有的消费者并不追求具有特定文化或风格特征的家具，更多是对潮流的追求。现代消费者多数希望能拥有一个与众不同的，而且能彰显个性和素养的生活空间。这一点不仅体现在现代室内装饰风格上，更体现在家具的选用上。因此，单一的明清家具很难满足现代人的生活需求。如：对潮流的追求，求异心理的满足等。

2）审美观念。明清家具造型是基于明清生活方式形成的，似乎更适宜陈设，装饰手法显得有些老套，不能完全满足现代人的审美习惯。因此，传统中式家具造型只有融入现代元素才能满足当代人的审美需求、个性化人群对艺术美的追求。这类人群具有独特的眼光和敏锐的审美能力，并且对于自己的审美判断自信而执着，追求特殊的家具设计形式。

3）居住观念。由于现代观念的转变，传统的“几代同堂”的大家庭居住模式发生解体，明清家具中的大圆桌或四仙桌、八仙桌显得功能过于单一。如今，可伸缩的或折叠的多功能餐桌更受欢迎。老人的生活与年轻人分开，他们在购买家具时明显地表现出两种年龄层对家具需求的差异。可见家具不单纯是生活的器具，一定程度上也反映了当时的生活方式。

4）文化观与价值观。每个国家、每个民族都有自己独特的文化，各种文化的交融和发展反映在家具上就是不同历史时期的种种风格。消费者对中式文化的追求体现在收藏与陈设上。消费者对价值的追求，这里的价值是狭义概念，仅指货币价值。典型的就是购买红木家具的消费群体。有的人追求古蕴悠长的文化；有的人是看中了它潜在的收藏价值；也有的人把它当作身份地位的象征。国内喜爱、投资收藏中式家具的人正在不断增加，在购买红木家具时追求家具的质地、其保值和升值的空间和潜力。收藏范围涵盖了几万元的普通红木家具与数百万元的顶级红木家具，从中也可以反映出中式家具所具有的商业性。

（3）休闲方式与中式家具。休闲是一种精神态度。休闲之事古已有之。休闲是指在非劳动及非工作时间内以各种“玩”的方式调节与放松身心，达到生命保健、体能恢复、身心愉悦目的的一种业余生活。一位法国学者指出：“一个人选择自己的闲暇方式，也就是选择自己的生活方式。”由于休闲是一种时间结构、活动结构和心理结构相统一的特殊社会现象，因此，工作和休闲相交叉的现象也普遍存在。

随着科学技术的迅猛发展，人们生活水平的提高，家庭现代化设施的不断完善，人们用于家务劳动的时间日趋减少。电影、电视、上网、卡拉 OK、旅游、健身、购物等娱乐休闲活动逐渐渗透进现代人的生活中。这种建立在高科技基础上的数字化、信息化的文化娱乐休闲活动，在城市人群，特别是年轻人的生活中占据了主要的位置。概括来说，休闲方式已经逐渐从乡村模式转向了城市模式。

笔者从城市居民的休闲时间和休闲方式两方面进行了调查。每天休闲时间分为：A. 少于 1 小时；B. 1 ~3 小时；C. 3 ~5 小时；D. 超过 5 小时。根据数据显示得知，休闲时间比例按高低排列依次是：1 ~3 小时占 40%，3 ~5 小时占 33%，超过 5 小时占 21%，少于一小时占 6%，可见目前休闲的时间大多为 3 小时左右。就生活方式的行为取向而言，各年龄段人群之间的休闲方式基本上都存在差异，老年人喜欢看电视、品茶、串门、打牌、聊天。年轻人则喜欢上网、运动、KTV、逛街等。因此，不同年龄段人群之间的生活方式存在显著差异。

有休闲需求的消费市场就是休闲市场，包括休闲业中所涵括的高品质茶馆、高档餐厅、高档健康养生场所、高档娱乐场所等等。这类场所投资者为迎合消费者的心理，对品质与档次的追求在提升，对红木家具的需求也在逐年增加。因此，休闲生活方式导致对中式家具需求的扩大。

2. 物质消费与中式家具

现代物资消费方式的改变体现在：消费种类丰富和消费数量的增加。消费种类的丰富具体反映在家用产品的人性化、多元化并逐步走向智能化；产品人性化、多元化和新消费形式的出现，导致消费数量的增加，从而影响着中式家具的变革。

(1)新消费形式互联网的出现与中式家具。20 世纪后期，计算机及网络技术的诞生和发展使生活方式发生了极大的变化。在互联网诞生之前，信息和知识的传播主要依赖于一些传统媒介。网络生活的迅速普及，特别是移动互联网技术的跟进，居民消费方式发生了深刻变革。据《中国互联网络发展状况统计报告》数据调查显示：截至 2009 年 6 月底，中国网民规模达到 3.38 亿，网民互联网的使用从高学历逐步向低学历的人群扩散。截至 2021 年 12 月，我国在线办公、在线医疗用户规模分别达 4.69 亿、2.98 亿，网络视频、短视频用户规模分别达 9.75 亿、9.34 亿。通过互联网能轻松获得大量的知识和信息，是人们学习、工作、娱乐不可缺少的用具。

互联网满足了人们个性化、品质化、多样化的需求，已经成为人们在信息时代的一种生活方式。网络购物这种线上消费形式，成为消费市场的重要增长点。2021 年，实物商品网上零售额 108 042 亿元，占社会消费品零售总额的比重为 24.5%，比 2014 年提高 15.3 个百分点；全国快递业务量首次突破 1000 亿件大关，达 1083 亿件，比 2012 年增长 18 倍，稳居世界第一。合理运用互联网，特别是利用新媒体，传播品牌文化，提高企业竞争力，这对家具企业来说是个商机。

(2)电子产品与中式家具。现代生活方式干预了传统家庭的生活方式，表现为家用电器与电子工作设备等现代电子产品进入家庭，出现“家庭现代化”。科技进步使住宅的科技含量越来越高，室内设计的发展也日益依赖数字化手段。明清时代，没有“家用电器”一说，厨房用的是传统的土灶台。到了 20 世纪 80 年代，中国厨房家电基本上只有一台电饭锅。而今微波炉、电烤箱、洗碗机、消毒柜、咖啡机、抽油烟机等厨房家用电器种类的出现，使土灶台基本上退出城市历史舞台，从而产生符合现代生活的橱柜家具。80 年代初期的家庭一般只拥有一台黑白电视。而 2000 年左右，在客厅甚至在卧室中都会摆放电视。电视形式逐步演化，经历了黑白电视—彩色电视—背投电视—平板电视。电子产品的更新换代加速，导致电视柜也由组合高柜到 50 cm 高的矮柜，再到 30 cm 高的地

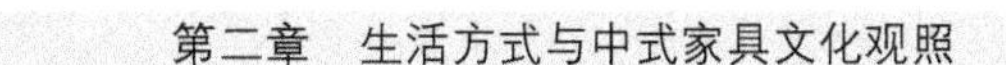

柜，家具高度逐渐变矮，整体趋向简洁。可见电子产品的变革极大地影响着家具的形制。家用电器的普及与更新对中式家具种类的影响见表 2-3。

表 2-3　不同时期主要大型家用电器与家具消费品种的对比

时期	大型家用电器	主要家具	特点
20 世纪 80 年代	黑白电视机、单门冰箱、电风扇	床、衣柜、衣箱、餐桌、写字桌、沙发、椅、凳	家用电器种类少；家具种类也少
20 世纪 90 年代	彩色电视机或背投电视、音响类产品、冰箱、洗衣机、微波炉、热水器、电风扇、空调、台式电脑、电暖器等	卧室：床、大衣柜、床头柜、梳妆台； 客厅：电视柜/厅柜、茶几、沙发、陈列柜； 餐厅：餐桌、餐椅、餐柜/食品柜；书房：书桌、书椅、书柜； 其他：鞋柜、厅柜、斗柜	家用电器种类增多； 家具种类也逐渐完善，实用性增强
2000—2010 年	卧室和客厅：平板等离子电视/液晶电视、纯平彩色电视机（逐步淘汰）、电风扇、空调； 书房：打印机、粉碎机、传真机、电脑等数码产品； 厨房：吸油烟机、家用燃气灶具、冰箱、微波炉、电饭锅； 卫生间：洗衣机、热水器、浴霸	卧室：床、大衣柜、床头柜、梳妆台； 客厅：电视柜/厅柜、茶几、沙发、陈列柜； 书房：书桌、书椅、书柜； 餐厅：餐桌、餐椅、餐柜/食品柜； 厨房：橱柜； 其他：鞋柜、厅柜、斗柜、休闲桌椅	电子产品种类更为丰富； 家具产品类型基本定性；功能随之逐渐丰富
2010—2020 年	卧室和客厅：平板电视（超薄壁挂式）、电风扇、空调、扫地机； 书房：打印机、粉碎机、笔记本电脑等数码产品； 厨房：吸油烟机、家用燃气灶具、微波炉、电饭锅、电冰箱（对开门）、洗碗机、消毒柜、空气炸锅、榨汁机、早餐机、咖啡机等； 卫生间：洗衣机、热水器、浴霸、烘干机挂烫机等	卧室：床、大衣柜、床头柜、梳妆台； 客厅：电视柜/厅柜、茶几、沙发、陈列柜； 书房：书桌、书椅、书柜； 餐厅：餐桌、餐椅、餐柜/食品柜； 厨房：橱柜； 其他：鞋柜、厅柜、斗柜、休闲桌椅	电子产品更新换代加快，注重产品的节能、减排； 厨房小家电增多与普及； 家具产品种类更加丰富和智能； 家具设计注重贮藏空间

此外，家用电器对现代居室的装饰风格产生着重要的影响，要考虑家用电器对中式家具设计及室内设计的整体协调性。

(3)消费品的增多对中式家具的影响。大量新技术、新兴产业空前发展,改变了现代人的社会生活方式和交往方式。消费数量的增加,导致家庭成员利用生活资料的形式产生变化,对家具功能方面设计也随之产生影响。

消费数量、消费种类的增加导致出现大量的生活物品,这对家具储存方式的科学性和合理性提出新的要求。受到现代住宅室内形制的限制,人们发现随着东西的增多,家具的储物功能有待增强。为了解决储藏问题,设计师在室内空间面积较大的情况下,会考虑设有专门的储藏间。针对这类储藏空间的特点,储藏室家具随之应运而生,可将被子、床单、被套等日常床上用品以及衣物、杂物等分类存放。在面积有限的情况下,考虑功能多样性,提高其使用率与居住舒适度,如折叠、活动、可拆装、向空中发展等功能。把折叠床设计在墙上,需要睡觉时翻下来使用;折叠椅不用的时候可以收起来,以节约空间;或者设计整体床箱或带抽屉的床,有效利用床下空间,增加储藏功能。

3. 生活方式异同对中式家具的影响

古今生活方式的差异对中式家具的发展及影响是巨大的。传统的中式室内环境,是儒家秩序方正思想主导下的古代中国人等级观念、礼仪生活、日常居家行为的凝结。而现代主义的室内环境,则与工业文明、电子时代合为一体,综合了科技与艺术的双重力量,与之相连的是整个现代社会的生活方式(周橙旻,张福昌)。明清家具固有的外观形式是由当时的生活内容和使用功能所决定的,随着现代生活方式的改变,生活内容的增加,各类家具原有的功能发生改变,对家具形式也提出新的要求。这些无不影响着新中式家具的设计和开发。

传统家具按使用功能大致分为:坐具类家具、几案类家具、橱柜类家具、床榻类家具、台架类家具、屏座类家具。从功能分析,传统的明清家具只能部分满足现代使用功能需求,如果完全照搬,显然不能满足现代人的生活需要。随着人们生活水平的提高,工业化、机械化程度加强,家具功能同时也细分出来。现代生活方式下根据家具的使用功能分为:坐具类家具、桌类家具、柜类家具、床类家具和箱、架类家具。具体内容见传统家具与现代家具使用功能种类对照表(表2-4)。

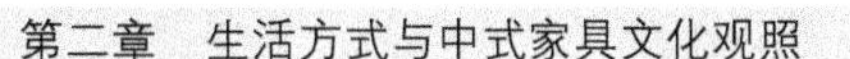

表 2-4　古今常见家具功能种类对照

序列	古今分类	传统家具	现代家具
1	几案类/ 桌类家具	炕桌、炕案、炕几、香几、条几、条桌、条案、酒桌、半桌、方桌、书桌、书案、画桌、画案、其它桌案等	茶几、茶台、餐桌(方桌、圆桌、折叠桌)、写字桌、写字台、大班台、办公桌、课桌、梳妆桌、会议桌、折叠桌、阅览桌
2	坐具类家具	椅、杌凳、坐墩、交杌、长凳、宝座等	沙发(木扶手沙发、海绵沙发、两用沙发、沙发椅)、椅子(靠背椅、餐椅、扶手椅、转椅、折椅)、凳(长方凳、方凳、圆凳)
3	橱柜类/ 柜类家具	架格、亮格柜、圆角柜、方角柜、博古格、联橱等	酒柜、食品柜、鞋柜、衣柜、橱柜、书柜、电视柜、床头柜、储藏柜
4	床榻类/ 床类家具	榻、罗汉床、架子床等	双人床、单人床、双层床、儿童床、折叠床、钢丝折床、床垫
5	台架类家具	脸盆架、挂衣架等	书架、期刊架、花架
6	屏座类家具	床屏、枕屏、地屏、梳屏、镜屏、灯屏、砚屏等、炕屏、台屏、绣屏、挂屏	装饰性屏风、隔断
7	其他类家具	闷户橱、提盒、都承盘、镜台、官皮箱、微型家具等	

(1)几案类家具。现代生活中的电视柜、电脑桌、吧台等,是明清家具中所没有的,没办法仿制和参照,只能根据功能需要来开发设计。设计时为了合理放置和方便使用各种家电产品,设计师需要考虑以下几个方面。

①电视、厨房家电等电子产品的外观尺寸、位置及重量对家具尺寸及造型格局的影响。

②考虑家具陈设与所有家电产品的传输线、电源走线、通道的位置;电源插口、网络线的位置对家具细节设计的影响。

③小型数码产品、各种数据载体的尺寸和取放方法;充电器、遥控器等配套产品的收纳等,对家具储物功能提出要求。

④人体处于坐姿时,电视屏幕尺寸与固定高度对电视柜高度尺寸的影响。

由此可见,家电产品的变革影响着相关家具的设计,设计师必须重视对家电产品的调查、了解,对家具的设计才能更为合理、科学和实用。

(2)坐具类家具。清式太师椅(图 2-5),坐起来满足礼制的要求,但靠背太僵硬,不够舒适。人们开始思考如何设计符合人体工程学的家具,让家具既方便实用又舒适。沙发(图2-6),这一坐具于19世纪末—20世纪初期从西方引进,作为客厅的起居生活用品,在现代生活中扮演着重要角色。在新中式沙发设计上,通常坐面要比传统椅子要矮5~20 cm,上面垫上厚厚的海绵垫和海绵靠背,同时满足功能性和舒适性。

图2-5　太师椅

(图片来源:摄于胡雪岩故居)

图2-6　中式客厅沙发

(图片来源:摄于轩红坊红木家具专卖店)

(3)橱柜类家具。①衣柜功能的变化。传统的衣柜几乎没有挂衣服的功能。古人的观念认为衣服吊挂不吉利,所以衣柜内部功能非常简单,通常只有搁板和抽屉两种储藏方式。到了20世纪80年代初,大衣柜的内部多了挂衣功能,但当时挂衣空间只占衣柜空间的一小部分,主要还是以搁板、抽屉为主。

现在家庭使用的衣柜,内部功能已经有了非常大的改变。首先是由于人们着装上的变化和取用的便利性,衣柜内部的挂衣功能显得越来越重要。随着时间的推移,中国传统的服装——长袍马褂,已经逐渐被西装、夹克、牛仔裤、衬衫、羽绒服等代替,而后者在存放时往往不宜叠放。再者,换衣频率越来越快,挂放的衣服既不用耗时去叠,又便于寻找和整理。因此,科学和便利的"挂衣"逐渐成了今天衣柜的主要功能。除了挂衣功能以外,还对其他各种功能进行细分,以适应不同的生活需求。在衣柜最高层通常设搁板空间,以存放被子、枕头等不常取放的大件物品。针对衬衫、裤子、领带、皮带等各种不同的衣饰物件,在大衣柜内部出现专用的五金配件。

②厨房橱柜家具的出现。出现整体橱柜产品。厨房围绕烹调、清洗、储藏三种功能,以人体工程学为依据,将家具、石材、电器整合组织为一体,以保持现代家居家务动线的顺畅。出现整体厨房的新概念。以厨房家具为例:中岛可以说是西方厨房的一大特色,

讲究西式配置。岛型工作台与中国传统饮食、烹饪习惯的需求并不相符。西方的水槽一般为双槽,可以一边洗餐具一边洗菜,因为他们洗的都是比较扁平的餐具,所以水槽高度只有 150 mm。中国人习惯用的餐具、炊具都很厚很大,所以中国人早期只能选用单槽。而双槽高度也改良到 180 mm。这一变化对橱柜家具的设计产生了影响。

(4)床榻类家具。明清的架子床和罗汉床,如果不加以改进直接放入现代家庭空间中,会带来使用上的不便。高大的架子床只能从一边下床,随着现代生活方式与外来文化的融合,要求两边都能方便下床,因此床头两侧都设有床头柜。此外,为了休闲需要,会在卧室中,正对床的墙面上放置电视,而传统的架子床有碍视线。此外,随着商品房的普及,室内空间的高度普遍在 2.8 米左右,传统架子床中复杂的拔步床形体过大,在空间中大多不能摆放。

(5)屏风类家具。屏风的作用主要是挡风、减缓气流,分隔空间,遮挡视线;也有单纯作为装饰。传统生活方式下,屏风按功能可以分为实用性屏风和装饰性屏风两大类。实用性屏风有床屏、枕屏、地屏、梳屏、镜屏、灯屏、砚屏等。装饰性屏风有:炕屏、台屏、绣屏、挂屏。在《红楼梦》中,贾蓉因为家里来了贵客,曾向王熙凤借一架“玻璃炕屏”摆设,可见其珍贵。炕屏指一种炕或床榻上陈设的具有装饰作用的屏风。而现代生活方式下,炕屏、枕屏、梳屏、镜屏、灯屏、砚屏等已不再使用,屏风更多作为装饰或陈设品运用在现代室内空间中。

二、现代生活方式对家具的要求

1. 城市生活方式对家具的要求

城市居民生活方式是指居住在城市中的居民所具有的生活方式,它包括城市居民的生活活动和行为方式。家具的功能不仅是物质的,也是精神的。设计家具就是设计一种新的生活方式的观念已被家具设计界逐步认同。物质生活资料的丰富使公共设施、住房条件、家居空间得到改善。家居空间要满足家庭居住行为的实现,家庭居住行为直接决定了家具的功能。人们生活方式的改变,导致室内空间中不同的区域有着不同的功能划分,同时也影响着中式家具的设计和发展。现代生活中家具的品种很多,使用的范围很广,这里主要针对民用家具。

家具按室内空间功能分为玄关家具、客厅家具、餐厅家具、卧室家具、书房家具、儿童家具、厨房家具(设备)和辅助类家具等。

(1)玄关家具功能分析。玄关也称斗室、过厅、门厅。原指佛教的入道之门,现在泛指厅堂的外门,也就是居室入口的一个区域。是联系住宅室内与室外的一个过渡和缓冲的空间。玄关的装饰墙和传统空间中的照壁、屏风、太师壁有异曲同工之妙。由于生活方式的不同,现代人进门时一般会先换鞋、更衣,以保证室内环境的干净与整洁。因此,在玄关进门左右两侧通常会摆设鞋柜、博古架或隔厅柜等家具。也有将传统的联橱、案作为玄关家具陈设的主体,摆放在玄关的视觉中心,起到缓冲和展示作用,营造中式风格的空间环境(图 2-7)。

(2)客厅家具功能分析。客厅又称起居室,是供居住者会客、娱乐、团聚等活动的空间。客厅是居家生活中使用率最高,也是面积相对最大的生活空间;是人们交流活动的场所;是"礼仪""气度"与个人精神气质的体现。客厅一般分为三个区域:会客区、视听区与休闲区。常见的家具有:电视柜、茶几、沙发、博古架、花架、书架、地柜、酒柜、杂物柜。中式客厅家具陈设见图 2-8。

图 2-7　玄关家具陈设

(图片来源:摄于御鸣居)

图 2-8　中式客厅家具陈设

(图片来源:摄于轩红坊)

会客区:传统的厅堂坐具以明椅或太师椅为主,体现传统礼制与等级观念,但是它过于挺立端正,不能够完全迎合和满足现代人慵懒放松的生活需要。现代人一般都希望客厅家具足够大,家具使用上更具舒适性,因此产生新中式沙发。沙发是待客交流及家人聚谈的物质主体,沙发舒适与否,对环境氛围和待客情绪都有重要的影响。

视听区:听音乐、看电影、电视、唱卡拉 OK 等娱乐方式导致客厅的视听设备发生了很大的变化,对家具的要求也随之发生改变。因此产生以电视背景墙为主的视听区,电视柜也随之产生。

休闲区:休闲区域的家具陈设比较自由(图 2-9)。可陈设棋牌桌椅供打牌、麻将等娱乐活动,也可陈设茶台供品茶休闲,也有直接摆放一张摇椅或改良的罗汉床供休息之用。总之,不同的家具与陈设反映出居住者独特的生活方式和品位。

(3)餐厅家具功能分析。餐厅中使用的家具统称为餐厅家具(图 2-10)。现代住宅设计中,餐厅和客厅一般都在一个相连区域。通常用隔厅柜、博古架或展示柜、吧台等家具作为隔断,区分出两个不同功能的空间。

现代家庭餐厅可划分为就餐区和食物储藏区两大区域。餐厅家具主要有:餐桌、餐椅、吧凳、吧台、餐柜、酒柜等。餐厅家具最常用的是方桌或圆桌。餐椅结构要求简单,最好使用折叠式的,可有效地节省空间。由于外来文化的引入,吧台与吧凳也越来越多地出现在现代人的家居空间中。吧台设在餐区,不仅可以就餐,还起到休闲的作用。酒柜大多配合吧台使用。餐柜是用以存放餐具、酒水、饮料、佐料、餐巾纸等就餐辅助用品的家具。

图 2-9　中式客厅休闲区

(图片来源:摄于轩红坊)

图 2-10　中式餐厅家具陈设

(图片来源:摄于轩红坊)

(4)卧室家具功能分析。卧室是供居住者睡眠、休息的空间。是住宅中对私密性要求很高的空间。卧室空间由睡眠区、梳妆区、休闲区、贮藏区四大部分组成。在睡眠区,睡具包括床、床头柜和床尾柜几部分。人们对于卧室环境和卧具的要求提高,出现符合人体工程学的床垫。梳妆区包括梳妆台、镜子及梳妆椅三部分。休闲区主要有休闲桌椅或电脑桌等家具。现代的卧室增加了视听功能,因此有了地柜。更衣、贮藏区包括衣柜、

斗橱、箱等家具，主要收藏被褥、床单、枕巾、垫席等床上用品及衣物、皮包、帽子、领带等服饰用品。床前的区域既是活动空间又是行走通道，衣橱一般靠墙摆放。面积允许的情况下也有打造步入式衣帽间，以便更衣、存取衣物。现代中式卧室家具陈设（图2-11）包括床、床头柜、电视柜、斗橱、梳妆台、梳妆凳、大衣柜等家具，营造了浓厚的中式风格氛围。

（5）书房家具功能分析。书房是工作和学习的场所。书房按功能区域可细分为工作与学习区、休闲会客区、休息区、装饰与陈设区、贮藏区。书房空间的核心功能模块包括阅读、写字、看报、书画创作、电脑操作等。书房空间辅助功能模块包括休闲、会客、休息、陈设、装饰、贮藏，如：待客、品茶、小憩、文玩陈设、储藏书籍和字画等。

近几年，随着居家办公需求的增加，人们对书房功能的要求也越来越高。书房家具主要有：写字台或电脑桌、办公椅、书柜、书架。此外要考虑工作设备的增加，如电脑、打印机、粉碎机等设备的使用对家具的要求与影响。

①书房工作与学习区：坐在写字台前工作、学习时，常常要从书柜中找一些相关书籍，座椅设计最好为带轮子的转椅。根据人体工程学设计的转椅有效承托背部曲线。要注意家具结构与强度，书柜内的横隔板应有足够的支撑，防止变形。此外文化层次较高的家庭，夫妻双方都希望在家也能办公和学习，而可同时满足两个人居家办公的写字台，目前市场产品较少。在写字台的设计上可考虑两人使用的双人中式写字台。

②书房辅助区：通常可陈设一对圈椅或者休闲桌椅供会客，陈设躺椅供休憩之用。由于书房面积限制，装饰与陈设区、贮藏区，通常可陈设博古柜（架）、书柜（架）来解决陈设与贮藏的问题。中式书房家具陈设（图2-12），除必要家具外，还陈设了一对高几，便于摆放绿植，美化空间。

图2-11　中式卧室家具陈设

（图片来源：摄于御鸣居）

图2-12　中式书房家具陈设

（图片来源：摄于轩红坊）

(6)儿童家具功能分析。儿童房是孩子起居、学习和娱乐的空间。儿童房可分为:睡眠区、娱乐区、学习区和收纳区四大区域。中式儿童家具的设计要考虑:安全性能、材料环保、色彩搭配、造型的趣味性、家具功能完备、能合理利用空间。

家具最好是多功能、组合式的。家具应尽量靠墙壁摆放,以扩大活动空间。布置上,墙壁的风格最好与家具风格统一和谐。儿童在生长阶段,睡比较硬的床垫,脊椎会受到平、硬床垫的影响。而目前适合儿童的新中式家具较少见,很多消费者只能根据自己的需求来定制中式儿童家具。

(7)厨房家具功能分析。厨房,是供居住者进行炊事活动的空间。传统厨房是一个比较封闭的场所。对于现代家庭来说,厨房不仅是烹饪的地方,更是家人交流的多功能空间。现代化的厨房的设备通常包括炉具(瓦斯炉、电炉、微波炉或烤箱)、流理台(洗碗槽或是洗碗机)及储存食物(冰箱)等基本设备。厨房布局要增强室内空间的合理流动性,通盘考虑设施尺度,合理安排储藏空间。组合厨柜要考虑到使用的科学性和舒适性。在整体厨柜设计中,比较特殊的是油烟机柜。根据油烟机的体积大小,油烟机柜身也要相应调整。此外,整体橱柜操作台面和吊柜的高度也可以根据业主身高来量身定制。

(8)卫生间家具功能分析。卫生间,指供居住者进行便溺、洗浴、盥洗等活动的空间。古人洗发曰沐,洗身曰浴。沐浴一词沿用至今。

现代卫生间根据空间功能可分为干区和湿区。湿区主要用于洗浴,需要防水,以适应卫浴间的潮湿环境。家具宜选择挂墙式或柜腿较高的,可有效隔离地面潮气。卫浴收纳一般设计在干区,如果浴室整体面积较大,可以设计独立的浴室集纳柜,分门别类放置个人物品。把收纳柜的门换成化妆镜,关上柜门就能利用它整理仪容,同时又能收纳浴室用品,充分利用空间。

随着城市住宅的商品化,必要家具基本能满足人们的日常生活,但是由于家庭存储、休闲的需求,室内会增设如隔厅柜、吧台、吧凳、罗汉床、酒柜、博古架、床尾凳、五斗柜、休闲桌(椅)、麻将桌(椅)等休闲、存储或装饰类的家具。

根据现代人的生活方式,需要增设的家具归纳见表2-5。

表 2-5　增设家具

功能分区	必要家具	增设家具
玄关	鞋柜(架)	装饰柜
客厅	沙发、茶几、电视柜	花几、书报架、隔厅柜、屏风
餐厅	餐桌、餐椅	吧台、吧凳、酒柜、餐边柜
卧室	衣柜、床、床头柜、梳妆台、梳妆凳	休闲桌椅、五斗柜、床尾凳
书房	办公桌(电脑桌)、办公椅、书架	休闲桌椅
休闲室	休闲桌椅	麻将台、罗汉床
厨房	橱柜	收纳橱
卫生间	洁具家具	可移动休息凳
储藏室	收纳架、收纳柜	

2. 农村生活方式对家具的要求

在我国经济形势逐年改善,经济增长迅猛发展的大背景下,人民经济收入得到明显提高。经济收入的增长从根本上带动了人们物质消费生活方式的变化。随着中国农民生活水平的提高,其家具消费观念由自制变为购买,消费升级步伐加快,消费能力进一步增强,对家具、家电等耐用消费品的需求量激增。

根据本项研究需要,笔者拟从家庭生活的物质和精神方面,来描述和研究农村居民的生活方式对家具的需求与影响。家庭生活是对农村居民家庭生活状况的描述,包括衣、食、住房状况等物质生活方面;闲暇生活、家庭成员关系等精神生活方面。

(1)农村精神生活与家具。农村居民的精神生活主要体现在闲暇生活上。闲暇生活是对农村居民闲暇生活状况的描述,主要包括休闲时间、方式、娱乐对象、生活感受等方面。

农村居民以从事体力劳动为主,通常消耗大量的体力。特殊的劳动、生活方式,使他们的生活、劳动、休闲娱乐的时间不能截然分开。2005 年,据周万全的《农村居民生活质量的调查研究》统计,农村居民选用的闲暇活动方式从多到少依次是:看电视或影碟、串门聊天、打麻将、看书看报、听广播和其他,分别占到被访者总数的 56.6%、41.1%、39.4%、34.5%、18.5%和 5.2%。可见,当时农村居民的闲暇活动方式并不多,主要是看电视或影碟、串门聊天和打麻将等;娱乐对象最多的是邻居;进行体育锻炼的人还不多,订阅报刊杂志的人极少。

而今，农村信息化建设持续推进。2021 年末，99.0% 的村通宽带互联网，94.2% 的村安装了有线电视。有电子商务配送站点的村超过 33 万个，开展休闲农业和乡村旅游接待的村落近 5 万个，农村生产生活条件显著改善。城乡生活差异逐步减小。精神生活的变化更多体现在对休闲家具、客厅家具等成品家具的需求。

(2) 农村物质生活与家具。物质方面体现在衣、食、住(住宅、家电、家具)、行等方面。随着经济的发展，在物质生活上，大多数农村居民家庭都摆脱了自给自足经济方式的束缚，从市场上购买所需要的生活用品，以便提高物质生活质量。农村的经济发展不充分，物质生活质量主要受收入水平、消费水平、住房面积的影响较大。

1) 职业和劳动。描述农村居民的职业状况、劳动强度以及收入水平等方面。劳动是人生的重要活动，职业是人的一项重要特征。劳动不仅给人创造物质财富和精神财富，还提高了人的生活水平和生活质量。另外，职业状况、劳动手段和环境又直接影响了人的生活方式和生活水平。农村职业状况发生变化，从事传统农业生产的劳动力比率减少，而农民工比率增加，且有大量劳动力长年在城市打工，从地域上已经步入了城市范围。党的十八大以来，国家政策大力扶持农业，新产业、新业态层出不穷，此外，数字技术(大数据、物联网等)在农业生产中大量应用，科技引领着农民发家致富。

2) 消费水平。2021 年，农村居民人均消费支出 15 916 元，比 2012 年累计名义增长 138.7%，消费水平和消费能力不断提高。农村居民已逐渐摆脱了自给自足经济方式的束缚，更多地依靠市场生活，表现在饮食上，买菜已占很大比重；添置衣服方面，以购买成衣为主。农村家用电器等设施日渐丰富。从国家的“家电下乡”补贴政策，可以发现电视机、洗衣机、电冰箱、空调、太阳能热水器等高档和耐用电器，逐步走入农村居民家中。此外，电话或手机等通信设备已在农村居民中普及开来。满足了农村居民的生活需求，可见农村居民生活质量逐步提高。农村中城市特质增加，农村逐步城市化。

3) 农村居民的居住情况。随着美丽乡村、乡村振兴战略、科技下乡项目的推进，农村生活变得宜业宜居，居住条件和质量得到明显改善，主要包括房屋类型、房屋质量、屋内设施等。从住房类型来看，农村居民住房以户为单位，建设独栋楼房。特别是近两年来建房速度很快，独栋楼房已占全部住房的半数以上。其中改变最大的是厨房和卫生间。有的住宅不管是屋内还是屋外，完全看不出农村的影子。

早期农村的炉灶多为砖砌的灶头，处于一隅。锅架设在灶台上，并设有沿墙面砌筑的烟囱，做饭的同时兼具取暖的作用。如北方的连炕灶，南方的砖砌大灶。由于厨房操作中有许多专用器皿、工具、粮食、燃料，所以这类厨房面积较大。当时中国人口结构以大家庭为主，又使用水井取水，常处于后院一侧，厨房高度一般较低，导致采光不足。现在，农村居民家庭做饭的方式虽然仍以传统的土灶为主，但却逐步向更为方便的电、炭炉和煤气灶过渡，慢慢演变成独立厨房（灶房），厨房设施包括土灶、煤气灶、炭炉及其他。

传统的农村住宅都是在正屋之外另盖猪圈和茅屋，既不卫生也不方便，还影响美观。而现在，农村居民在建房时，已经开始考虑到改变这种住宅结构，将厨房和卫生间纳入房屋整体结构之中，使住宅从结构和功能上都发生变化。由过去单纯为了满足吃饭、住宿等基本生存需要，变为能满足人们生活全面需要的场所。2021 年末，96.3% 的村生活垃圾集中处理或部分集中处理。农村厕所革命扎实推进，农村改厕工作质量持续提升，农村卫生户厕普及率达 77.5%。2021 年末，47.6% 的村生活污水集中处理或部分集中处理。这充分说明农村人居环境得到显著改善。

全国新农村建设工作把乡村振兴战略作为新时代“三农”工作总抓手，着力协调、推动、实施“农村城镇化、农业产业化、农民市民化”的新农村模式。随着国民经济的不断发展，在国家政策的大力扶持下，农村住宅情况日益更新和改善。农村物质生活已逐步向城市生活靠拢，对成品家具的需求也越来越大。

“生活方式”是一个比较广泛的概念。宏观上，笔者以精神生活和物质生活为主线，分别探讨古今生活方式异同对中式家具的影响。微观上，传统生活方式主要从哲学思想、思维方式、传统美学、民俗等精神生活文化和科学技术的发展、以农为本的生活方式、起居方式等物质生活文化方面，探讨对中式家具的影响。对现代生活方式则从外来文化、思想观念、休闲方式探讨精神生活和从新消费形式互联网的出现、电子产品、消费品增多探讨物质消费对中式家具设计的影响。此外，从城市和农村两个角度分析生活方式异同对中式家具的要求。

家具是一个民族、一个地域的居民，长期以来对其生活方式的一种表征体现。不同种类的家具展现不同时期人们生活状态及精神追求。中式家具的形制就是基于中国传统文化和中华民族生活方式的需求，而形成的结构合理、实用性强、装饰严谨、形式和功能统一的一种基本范式，具有独特的艺术和文化价值。中式家具由此产生出丰富的造型，不同形制适应和体现着不同场所的具体要求。

当新的生活方式出现时，会导致家具形制的变革。而生活方式的改变，也会导致原有家具功能的衰退。此外中式家具还受到地理气候、人文条件、社会制度、宗教信仰等因

素及设计者的修养等多方面的影响。如高形制家具就是随着垂足而坐的起居生活方式，逐渐形成而出现的。有些器物虽随着生活方式的改变而被历史淘汰，但其合理的附件被保留下来，仍然影响着今天家具的造型。尽管材料、加工工艺在不断地变化，但是椅凳、床、几等大部分家具形制的基本特点没有发生根本改变，它仍然适用于现代人类的生活方式。

管子曰："不慕古，不留今，与时变，与俗化。"随着居民生活水平和住房商品化程度的提高，现代住宅形制与传统室内形制特征发生了翻天覆地的变化。今天卧室、客厅、餐厅都独立出来，大量的生活物品使消费者对储存方式的科学性和合理性提出更高的要求。这主要表现在储存空间尺度的科学性、空间规划的经济性和人们在取用时的便利性。此外，考虑中式家具的外形如何能更好地适应现代住宅空间。家具摆放在住宅中尺度受房间尺度的影响最大，房间的开间、进深和层高限制着家具的长、宽、高。随着居住环境的变化。家具的原始功能在现代生活中不断演变，在形式基础上继续改善。

现代人与古人在生活方式以及住宅建筑形制方面有着很大的差异。陈志华先生曾多次批评某些民居研究者"往往置民居的封闭、肮脏、拥塞、昏暗和不适应生活的发展于不顾，却津津乐道于民居的外观形态之美"。可见传统的生活方式下住宅空间形式是不适合现代人的生活的。只有对传统文化整体性把握和创新性传承，创新驱动和绿色发展持续发力，才能使中式家具在现代建筑中与其他非同源文化有机融合。

第三章　传统建筑形制与中式家具文化观照

建筑是人的生活方式的直接体现。建筑与家具以其特有的功能形式和艺术形象长期呈现在人们的生活中。其艺术形式同时直接或间接地通过隐喻或文脉思想，反映当时的社会与宗教意识，实现象征功能与对话功能。乔治·奈尔森曾说："器物是文化遗留在它专属时空中的痕迹。"中国传统建筑与家具发展的进程就是一部展现中华民族文化的历史。

随着人们生活方式的转变，根据不同时期生活的各种需求，建筑室内空间的格局也慢慢发生着变化。室内形制是长期形成的，室内空间的数量和组合方式与家庭人口、地域、气候条件、文化、生活习惯、社会经济状况有着直接的关系。因此室内形制还体现了每一个时代人们的物质文明和精神文明的发展。探讨室内形制的现状和发展规律，对于启迪新中式家具的设计和发展十分有益。

第一节　传统建筑与家具文化

一、中国传统建筑室内形制定义

王充在《论衡·诘术》一书中，提到住宅形制这一词："府廷之内，吏舍比属，吏舍之形制何殊于宅，吏之居处何异于民？"该文大意是：官府里面，官吏的住宅一间连一间，官吏住宅的形状结构，与百姓的住宅有什么不同呢？可见室内"形制"这一词早在汉代，甚至更早就已经出现。

“形制”，器物和建筑物的形状和构造。在《汉语大词典》中的一种解释为“形状、款式”。“建筑形制”通常指建筑物的形状、构造与款式。综合上述要义，顾名思义，“室内形制”指室内空间的形状和构造、风格和样式。

二、传统文化对传统建筑与中式家具的影响

1. 审美观念的影响

满足使用功能的前提下，在构件上施以不同艺术造型，或以各种手法对构件表面装饰各类纹饰，使其既具功能实用性，又具观赏性。传统建筑形制与家具形制上常体现出中轴对称之美、崇尚自然之美、追求意境之美、含蓄内敛之美等审美思想。

2. 宗法礼制的影响

周代出现“因物宜为之数”的空间度量标准，“物”指的是家具，即根据家具来度量空间大小的方式。明代沈春泽为文震亨的《长物志》所写的序中提到室内环境、家具布置和陈设中的审美。“室庐有制，贵其爽而倩、古而洁也；……几塌有度，器具有式，位置有定，贵其精而便、简而裁、巧而自然也。”文中提到的“室庐有制”指房屋与室内要有一定的形制。《长物志》是晚明文房清居生活方式的完整总结，集中体现了当时士大夫的审美趣味和生活态度。这句话可以反映出当时人们对室内形制与家具形制有着严格的等级制度，体现强烈的宗法礼制思想。

礼教是我国传统文化的突出特点，《礼记 · 曲礼下》载：“君子将营宫室，宗庙为先……居室为后。凡家造：祭器为先……养器为后。”宗法礼制是等级居住的核心，它渗透到有关住居营造和使用的方方面面，从主观和客观两方面促使中国古代等级居住的形成和发展，促成了中国古代住居和建筑在材料、式样上的选择和空间组织原则的形成和完善，同时也促成了中国古代建筑单体的标准化、空间的通用性等等重要特征的形成和延续。

3. 传统哲学思想的影响

汉代以后，宗教和学术思想流派形成了以儒、佛、道三家并举的文化格局。讲究礼制文化，糅合“天人合一”“道器结合”“中庸”等哲学观念，对中国传统建筑形制与家具的形成和发展产生重要的影响。中国传统居住方式的形成与发展同样受到儒家思想的影响，具体反映在：建筑空间等级及秩序化；聚落中建筑的等级；家具制造中用材的规模和等级制度；家具装饰的标准与等级；家具陈设标准。包括形状功能、材质等级、纹样色彩、方位

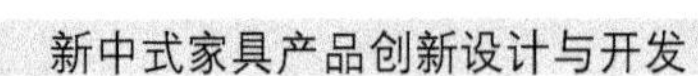

朝向、靠背高低、组合数量等方面。可见,在传统文化的影响下,建筑形制与家具形制是相互制约的。

三、传统建筑与中式家具的文化联系

中国传统建筑与家具由于受传统文化的影响和渗透,已经被中国博大的传统文化所涵盖。成为文化的载体,烙上了文化的印记,成为"木头的史书"。中国传统建筑与家具体现着中国传统的生活方式和审美情趣,具有深厚的文化艺术内涵,是物质文化、精神文化和艺术文化的综合。

中国古代建筑以木构架为主要结构形式,从原始社会末期开始萌芽,经过奴隶社会到封建社会初期,已经形成独特的建筑体系。中国木建筑结构在自身发展的同时,又对相应历史时期的家具形制产生了深刻的影响。中国传统家具受中国传统建筑的影响,沿袭梁柱式结构,形成竖向支撑、横向承托的主体受力结构。

家具的发展随着人们起居方式的变化而不断地向前发展。在远古—古代—近代—现代—未来的时间轴线上,家具与人类同时存在、共同发展,这就是家具的时间性特征。家具的式样由建筑形式演变而来,在造型、风格、结构、雕刻、纹样上也与建筑紧密结合。

1. 建筑造型与家具造型的异曲同工

(1)纯仿建筑式家具。家具最彻底的建筑化表现为建筑式家具。从汉代建筑遗迹和家具遗迹中,可以看出其造型的相似。纯仿建筑木构架的做法在桌、椅等家具中表现得最明显。明代以后出现的架子床,架身带门围子,有廊庑,以柱承托床顶,床顶四周挂檐。架子床内部空间有桌、椅、箱和柜等家具,完全仿照建筑而设。从结构到造型,几乎就是一个紧凑、微缩的建筑空间。

(2)家具的腿与建筑的柱。柱础:柱础是承托建筑物梁柱的基础。柱础根据建筑类型产生不同,庙宇与道观的柱础常采用莲花柱础、覆盆柱础、莲花卷草柱础等样式。建筑中柱础的式样也直接应用了家具的形制。民居建筑中的柱础,更多反映了家具的造型,如:鼓凳式柱础、瓜墩式柱础、三弯腿炕桌式柱础、多边形杌凳式柱础、方桌式柱子础。

收分与侧脚:我国传统的木构架建筑结构,凡是立柱都有侧脚与收分的特点。北宋时期的《营造法式》中对宫室、坛庙、官署、府第等各种建筑的设计、结构、用料、施工,甚至是柱子形体的径围和斜长的比例、数字等细节,都予以规范。"侧脚"是让建筑最外围一圈柱子按一定程度向内倾斜,四角的柱子则倾斜45度。"收分"是让柱子的上端比下端

略细些。传统家具的结构也如建筑一样采用侧脚与收分的原则和做法。从出土的唐代壁画中家具的形象可以发现，侧脚与收分非常明显。侧脚与收分增加了构架的稳定性，同时也符合人体的视觉透视，给人一种稳定舒展的美感。

(3)建筑的须弥座与家具的束腰。传统建筑的须弥座是佛教造像的佛座和佛教建筑的塔基，最初从印度传入中国。须弥座的结构分为两个部分，上部和下部称为叠涩，是由数条直线组成，中间的收缩部分称束腰。早期造型简单，装饰较少。具体形象见于北魏云冈石窟的佛座、浮雕塔等。随着佛教的传播，寺庙和石窟造像的不断增加，须弥座的样式也日渐复杂和多样。尤其是须弥座的中间——束腰部分，出现了立柱、力神、卷草、莲瓣、壶门等装饰图案。如江苏南京栖霞寺舍利塔的须弥座就非常具有代表性。束腰家具正是吸收了须弥座的特色而创造出的家具新形式。同时，须弥座对箱型壶门结构的家具也产生影响。

(4)台基与托泥。中国古代建筑从立面来说，主要分为屋顶、墙柱构架和台基三大部分。台基是整座建筑的基础部分。除实用功能以外，兼具重要的审美功能。对家具来说与建筑台基相当的就要数托泥了。托泥不仅创造了与四腿直接落地不同的新形式，同时也是加固四腿的连接和稳定的重要构件。在南宋以后，托泥下又出现了似龟形的小足，这种龟足不仅使整体造型变得更加轻，又可起到通风、防潮的作用，这与建筑中承托立柱和墙体的台基的功能“不谋而合”。

2. 传统建筑结构与中式家具结构的一脉相承

中国古代建筑从原始的天然洞穴、半穴居上升到地面，从简单的木结构建筑逐步发展为完整的梁柱框架体系。至宋代趋于完善，最终形成了抬梁式、穿斗式以及井干式等一些结构形式。中式家具在结构形式上继承了中国传统木建筑的结构体系，又结合家具自身特点不断发展变化，分别在宋朝和明朝达到了发展的高峰。家具的制造往往借鉴同时期流行的建筑设计手法和制作技术，从而在基本结构、接合方式、细部构件形式等许多方面与建筑一脉相承。

(1)家具从箱形结构到框架结构的转变。箱形结构家具是我国传统木制家具的起点，主要用于坐具和卧具，由“框架”和“芯板”两部分构成。宋朝时期，矮型家具完成了向高型家具的转化。在逐渐演变的过程中，又借鉴了我国木构建筑中的“梁架”结构，完成了箱式壶门结构向梁柱式框架结构的转化。传统家具的框架结构由立柱和横木组成受力的框架，再嵌木板作围护分隔作用，受力合理，以榫接合为主要的连接方式。至明

清，框架结构成为传统家具的基本结构形式。

（2）榫卯结构的契合。传统建筑和家具都以木材为主要原料，由于木材具有一定的韧性，使榫卯结构的加工容易实现。榫卯在装配与拆卸的过程中不易受损，构件可以重复利用，具有精确的技术性和高度的科学性。早在七千余年以前的浙江余姚河姆渡文化氏族社会的遗址中，就已发现方榫、圆榫、燕尾榫、双层凸榫及木板企口拼接等建筑榫卯结构。榫卯技术的发明是木结构构造上的一个飞跃，并直接用于家具上，春秋战国出土的漆木家具中各式的榫卯结构就是最好的例证。榫卯工艺是中国传统家具特有的语言，尤其是明代硬木材料开始在家具中运用，使得榫卯结构工艺的发展达到了前所未有的巅峰。

（3）建筑的梁与家具的枋。传统木构建筑由柱网、梁枋所组成的框架来支撑屋顶，中国古代家具沿袭了建筑的这种结构体系，间架清晰。“柱”和“梁”反映到家具上正是传统家具的主要构成元素：立脚和横枋。如桌椅的腿足常为圆形，即便为了足间横枋的连结，也只是在内部做成方形，券口与腿足的连接组合图形上圆下方，反映了根植于中国人心灵深处“象天法地”“天圆地方”的宇宙意识思想。这种做法和式样完全是仿效建筑的梁柱。

3. 传统装饰元素的借鉴与写照

（1）建筑的棂格与家具的围子。中国传统家具对于建筑的借鉴无所不在，并擅于从建筑中提取各种元素，具体反映在其细部构件上。棂格在建筑中不仅起到了采光和空气流通的作用，而且极富装饰性。在宅门、窗、隔扇、罩落等构件上，都能见通透的棂格。常见的有山字纹、云纹、冰裂纹、万字纹等。家具的各种围子与建筑中的各种棂格，使用的纹样如出一致。最早在战国时期的大床上，已经使用了方格形的床围。

（2）建筑的雀替与家具的花牙子。雀替是中国传统建筑中梁与柱相交处的托座，其作用是缩短梁的净跨距离，减小梁额与柱相接处的剪力，防止横竖构件间角度的倾斜。同时雀替也是一种装饰构件。中国传统家具中的花牙子，在立木与横木的交角处，采用类似替木的构件，也叫“替木牙子”。极富装饰性的花牙子是建筑中的雀替在家具中的变体，广泛使用在桌案、椅凳、屏架、花几、柜橱等各类家具上。

（3）脊装饰与搭脑装饰。中国传统木建筑中，屋脊是建筑最高的轮廓线，而对于家具来说，椅、架等家具的最高轮廓线是搭脑。搭脑除了简洁明快的直线型，还有一些流畅柔婉的曲线。如明式的灯挂椅、四出头宫帽椅都是其代表。在家具搭脑由高到低又反翘的

走势中,不难发现与建筑屋顶轮廓线的惊人相似。此外,建筑屋脊上正吻及仙人走兽等部件,是对功能构件的艺术化装饰。如故宫太和殿建筑(3-1)。重檐歇山顶的建筑屋脊上正吻及仙人走兽等部件,是对功能构件的艺术化装饰,是等级的象征。而衣架、盆架、镜台等架类家具的搭脑两端常有相似的云纹、凤头、龙头或兽形等纹样。又如黄花梨木龙首衣架(图3-2)。长191.5厘米,宽57厘米,高188厘米。衣架为榫卯结构,造型简洁。从形制上看,衣架总体偏高,使长袍这类衣物可搭在搭脑和中牌子的横杆上,不至垂地。衣架搭脑两端雕出龙首造型,中牌子上分段嵌装透雕螭纹绦环板。立柱下端有透雕螭纹站牙抵夹,如意云头式抱鼓墩。纹样极富象征装饰意义。由此看出中国传统建筑文化与家具文化的关系已融为一体。

图3-1　故宫太和殿

(图片来源:故宫博物院官网)

图3-2　明 黄花梨木龙首衣架

(图片来源:故宫博物院官网)

第二节　中国传统民居建筑的室内形制

中国传统的建筑空间通常分为三种:宫殿建筑、园林建筑、民居建筑。传统民居建筑是某个民族一定社会历史时期传统文化的缩影,带有明显的地区特征,与人民生活息息相关,与现代的生活及室内形制联系最为密切。

传统建筑的根本目的是获得室内空间以满足功能及精神需求层面。生活方式造成了人们的心理定式,从而指导人们的建筑实践和室内形制。随着建筑的发展、人们审美观念的提高,到了明清时期,建筑的室内不再以单调的形式出现。此时,建筑装饰艺术发展到了顶峰,形成一个非常成熟而完整的合院住宅体系。木构架建筑也得到了高度的发展。

一、中国传统民居建筑种类与住宅形制

中国传统民居建筑形式多样,建筑风格各具特色,室内的形制也相对不同。生活内容和行为姿态决定了住宅室内空间的构成要素,传统住宅建筑室内空间组合分为:集中式组合、相对集中式组合、分散式组合。中国传统民居根据所处的地理位置、气候条件、宗教信仰等分为北京四合院、江南民居、山西民居、关中民居、徽派民居、浙江民居、福建客家民居、台湾民居、广西民居、四川民居、西藏民居、窑洞民居等。根据建筑构造特征可分为窑洞、碉房、高台、毡包、围楼式、院落式、穿斗式、井干式、干阑式等形式。本书选取了几个具有代表性的民居,简要分析其住宅形制。

(1)北京四合院。北京四合院住宅布局的特点是:以主房为中心,坐北朝南。宅院的中轴线常以倒座、垂花门、正房、后罩房组成南北主轴;厢房、耳房轴对称排列。房屋的空间位序服务于上下、主从、长幼层次分明的人伦秩序,讲究对称。庭院与周围的厅、堂、廊、室等既隔又通,实际是厅堂的延伸和扩展。木构造体系的内外檐廊装修,成为室内空间,构成特殊的设计语汇。空间组织中梁柱与家具虚拟围合成的局部空间,与整体的实在空间形成复合多样的“活性空间”。

(2)江南民居。江南民居有着鲜明的地方特色,无论是布局构图、空间处理还是建筑手法、装修艺术等方面,都具有浓郁的地方风格。江南民居以封闭式厅堂院落为单元,建筑多为木架承重;厅、堂丰富宏敞;由多组轴线构成庞大的建筑群。中央轴线上建门厅、轿厅、大厅和住房;左右轴线上布置客厅、书房、次要住房和杂屋,成为三组乃至多组纵列的院落群组。由于江南水乡的气候特征,人们非常注意防潮、放热和通风,门窗面积大,多数为落地长窗,南北敞开,院墙上开漏窗,后部住房多为两层,通风性能良好。在空间处理上达到了极高的美学境界。

(3)明清徽派民居建筑。徽派民居合院相对更窄更高,讲究“天井”式布局。房间进深大,厅宽且高,室内隔断多用木板、竹篾墙、可活动的屏风、门、窗,使室内外空气对流,形成“穿堂风”。这种布局可解决采光、通风、遮阳、隔热等要求。厅堂位置在建筑平面的中轴线上,布局对称严谨,空间大多方正、规则,并按轴线从前到后由厅堂和天井庭院组成一间间的纵向递进式贯穿组合及虚实相应的空间布局。徽派建筑厅堂室内的布局主

要满足理学中“礼”的需要。家具整体上具有简、厚、精、雅的特色。紧凑的平面布局、巧妙的空间处理和剖面设计与室内陈设紧密结合,创造了一个外封闭内通透、艺术性和私密性良好的居住环境。

中国传统民居建筑与室内空间形态演变依照历史规律渐进发展。空间内部形态特点是虚与实的相辅相成,室内外空间的不可分割性。整体上有礼制的特点,功能合理,一般包含厅堂、卧房、书房三个主要区域。建筑的长、宽、高比例与坐落朝向实现了冬暖夏凉的设计功能。中国传统建筑空间的设计符合“生态、环保、能源”的趋势。

二、传统建筑平面组合形式

中国建筑的平面组合实际上是结构空间的组合。根据梁架结构的形式和空间组合的特点,可分为三种类型。

1. 间架组合平面

在横向的两片梁架之间,搁置纵向构建的檩枋,沿轴线构成空间连续的单体建筑平面,是传统空间最基本的组合方式。梁枋间的框架构成室内空间,以“间”为基本单位。平面形式可分成:正方形平面(如:苏州留园濠濮亭)、长方形平面(如:北京故宫太和殿)、“田”字形平面、“卍”字形平面(如:北京圆明园“万方安和”)、曲线形平面、扇形平面(如:苏州拙政园扇面亭)等。

2. 非间架组合

不用两片梁架中间搁梁枋,构成空间框架的方式,但仍以简支架的原则,用梁柱构造成一个独立的整体性结构。平面形式可分成:三角形平面(如:中山市中山公园三角亭)、矩形平面(如:故宫中和殿)、六角形平面(如:苏州留园冠云亭)、八角形平面(如:苏州拙政园塔影亭)、多边形平面、圆形平面(如:天坛祈年殿)、栀子形平面、梅花形平面(如:《园冶》梅花亭地图式,如图 3-3 所示)等。

3. 形体组合平面

将梁架结构呈两个或两个以上的空间形体,组合成一座整体性的建筑物。平面形式可分成:凸字形平面、套方型平面、十字形平面(北京故宫紫禁城角楼)等。中国建筑的平面概念,不同于西方和现代建筑,它只反映建筑空间(又指生活活动空间或使用空间),并不反映建筑的形体。建筑的平面形式也映射在家具造型上。如:桌有方形、圆形、梅花形、六角形等多种形式,也有半圆形、长方形等可以拼拆的结合形式。

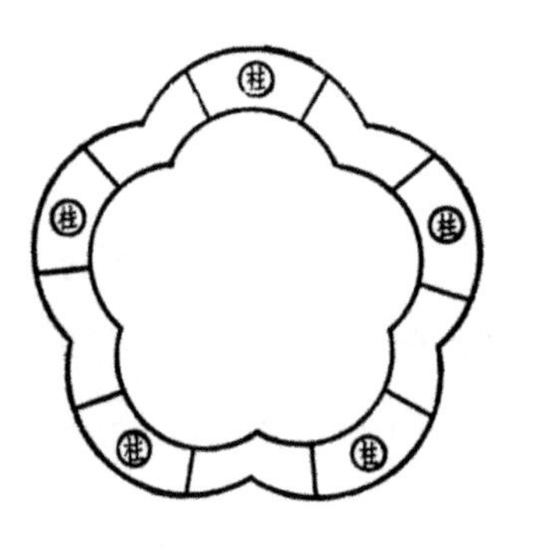

梅花亭地圖式

先以石砌成梅花基，立柱於瓣，結頂合簷，亦如梅花也。

图3–3 梅花亭地图式建筑平面

（图片来源：计成，《园冶》，城市建设出版社，1957）

三、传统住宅建筑室内空间分隔与家具

清代文人李渔在室内装修的专论中写道："幽斋陈设，妙在日异月新。"中国传统室内设计结构紧紧围绕传统文化发展，空间布局的模数原则一直是以奇数为准。传统建筑设计建造结构的稳定性与延续性使其内部空间形式长久稳固。以木构造为核心的建造体系直接影响室内设计的材料、形式的运用。古人在单一的建筑空间中，创造了大量的内檐装修构件、陈设和装饰手法，取得了丰富多彩的空间效果。

1. 传统住宅建筑室内空间分隔的类型

传统建筑空间的分隔是确定不同的空间功能以便做出不同的目的、效果的装饰与陈设布置。可划分为全隔断、半隔断和虚隔断三种隔断类型。全隔断，指从室内地面到顶面用家具做完全的分割，如固定的太师壁、木隔墙等。半隔断，指家具不到室内空间顶面的隔断方式，以屏风的分隔形式最为直接，主要目的不是要一览无余，而是于半遮半显的分隔中蕴蓄室内意味，同时，又从心理上造就了一个连续而相对独立的空间实体。虚隔断，又称"心理空间"，是一种既无明显界面，又有一定范围的隔断方式。采用虚拟分隔的方法，讲究"隔而不断"。虚隔断最典型的代表就是罩落，它对梁、柱两侧的空间并没有加以阻隔，只是在视觉上做出区域的划分，在分隔的地方略加封闭，从而达到相对分隔或意向分隔的效果。

2. 中式罩落的作用

中式罩落既是中国传统的装饰元素之一，又是古建筑小木作构件之一；是中国源远

流长的传统建筑文化的重要组成部分，有着强烈的民族艺术特色。“罩”系用硬木浮雕、透雕而成，满布几何图案或缠交的动植物，或神话故事之类，作为室内的隔断和装饰，用于宫殿及贵族、富豪宅第。

罩落营造出室内既有联系又有分隔的环境气氛，体现了实用性、艺术性和文化性三重功能特性。一是实用性。罩落与隔扇、屏风等家具一样用来示意空间的区分，具有分隔、组织空间的作用。室内空间的分隔，是确定不同的空间功能，进行不同目的、不同效果的装饰与陈设布置的前提，其分隔效果直接影响室内空间的使用和装饰性。此外罩落本身的通透性还具有通风和采光的作用。二是艺术审美性。传统罩落集结构的稳定牢固、图案和构图的平衡和谐、木雕纹样的美观通透等特色于一体，空间与艺术连接有序、穿插有度，把东方美学神韵发挥到极致。三是文化性。罩落文化与民族特色、历史文脉、地方习俗、礼仪有着完善的协调；与材料供应、技术可能、经济条件有着实事求是的联系。所有这些，都是获得艺术生命力经久不衰的关键所在，也是构成艺术生命力的重要因素。

3. 中式罩落的艺术特点

罩落是中华民族在持续不断数千年的造物活动中，集中国历代能工巧匠的智慧和创作设计才华，不断融合中国的道教、玄儒、政治伦理和民情风俗，而形成的最具民族文化特色的装饰艺术造型。传统造型艺术在意境上追求“大音稀声、大象无形、大巧若拙”的境界，注重事物质的表现，因此罩落具有独特的文化品位和美学价值。罩落的样式精美，做工讲究，集各种艺术、技术于一身，其质地、纹样、图案以及构架缀饰，丰富地塑造了室内环境艺术的语言。

(1)形式多样，造型丰富。罩落具有中国传统特色，造型丰富，艺术感染力非常强。根据罩落在建筑空间中所处的不同位置，可分为栏杆罩、几腿罩、飞罩、炕罩、天弯罩、落地罩等多种形式。落地罩门洞形状各异，可以是圆的或者方的，完全视构图的要求而定。如：圆光罩、花瓶罩、莲花罩、八方罩、芭蕉罩等。此外还巧妙地运用借景、对景、障景、框景、隔景、漏景等手法划分空间。花罩展现出种种优美图案的同时还能透过花窗外的光线，呈现出光与影的完美结合，成为室内空间极具特色的一道风景。

(2)结构严谨，工艺精细。传统罩落的结构设计，是科学和艺术的极好结合。罩落的部件在接合上，采用榫卯结构，不用钉子。榫卯结构不仅能适应冷热、干湿变化，而且工艺精致，既牢固又美观。经过几百年的变迁，时至今日，依然牢固如初，可见榫卯结构极富有科学性和环保性。

(3)木质天然,纹理优美。罩落的用材,多数为黄花梨、紫檀、鸡翅木、乌木等具有美丽色调和纹理的珍贵木材。木材纹理自然优美,呈现出羽毛、兽面等形象,令人有无尽的遐想。工匠们在制作时,充分发挥和利用木材本身的色调、纹理的特长,形成特有的审美趣味和独特的艺术魅力。刻画图案时多采用线面结合的方式,注重图案姿态和整体效果;利用木材的纹理优势,发挥硬木材料本身的自然美,将比较有特征的木纹巧妙地运用在图案的各个部位,使所刻出的作品精中现巧,这是传统罩落又一突出的特点。

(4)工艺丰富,装饰适度。罩落的装饰手法,可以说是多种多样的,雕、镂、嵌、描,都为其所用。装饰用材也很广泛,如珐琅、螺钿、竹、牙、玉、石、贝壳、玻璃、漆等材料。不多堆砌,也不曲意雕琢,根据整体要求,作恰如其分的装饰。整体构图上,繁简适宜得体,又不失大方与清秀的本色,可谓锦上添花。罩落是一门集古代木工工艺、木雕工艺、描饰工艺、彩绘工艺、螺钿工艺、琢玉工艺、镶嵌工艺、髹漆工艺等传统工艺于一体的装饰艺术。

(5)构图合理,意境深远。严格的比例关系是传统罩落造型的基础,其局部与局部的比例、装饰与整体形态的比例,都极为匀称而协调。造型表达手法比较概括、洗练;特征上并不追求写实具象,一些突出的部位采取以线条为主的图案化处理,甚至在表现结构的地方也加以夸张变形;注重线条,直线和曲线的运用协调,其各个部件的线条挺而不僵,刚柔相济。线刻与圆雕相结合的手法使作品中常有一种行云流水、骨力追风的线条美;图案疏密结合,构图合理,表现出简练、大方、典雅之美;形态则表现出柔和、灵动和自由。吴冠中曾说过:“没有涂抹形象部分的白纸,不是空荡荡的空白,保留下来的白纸已是落墨处的矛盾对立面,黑与白相辅相成,故素地的面积、位置及形象均负担着画面造型的责任,已绝不是任闲人乱闯的多余空地。”这句话很能表达罩落的装饰意境。

罩落在空间上层次丰富而内外渗透,使其隐而不发、含而不露,达到“以小观大、以偏概全、以虚拟实、以意造境”的效果,从而获得“笔有尽而意无穷”的趣味,体现了“意贵乎远,境贵乎深”的艺术境界。这种创作手法源于中国取象表意的思维方式,造型的目的在于表达意境,而不用严格遵循现实形象,这种表达方式为作者创作形象提供了广阔的空间。

(6)木雕精细,栩栩如生。在艺术手法上,木雕以层次高、远,平面分散来处理透视关系,并以中国传统绘画的散点透视或鸟瞰式透视为构图特点,线条舒展流畅,不受“近大远小”“近景清”“远景虚”等西洋雕刻与绘画规律的束缚。再结合镂雕、圆雕等雕刻的技法,将吉祥图案巧妙地结合在一起,充分展示画面内容,在不同光线、不同角度、不同距离的变换中,具有奇异欣赏效果。整体的装饰情调和耐人寻味的细部处理,具有丰富的表现力。

尼采(出自《艺术家和作家的灵魂》)一文中谈到"并非一下子把人吸引住、不作暴烈的、醉人的进攻。相反、它是那种慢慢渗透的美,人几乎不知下觉地把它带走、一度在梦中与他重逢,可是在它悄悄久留我们心中之后,它就完全占有了我们,使我们的眼睛饱含泪水,使我们的心灵充满憧憬。"引到此处来形容罩落的木雕装饰的艺术魅力,可以说恰如其分。

(7)图案丰富,意寓深长。中式罩落上的装饰图案具有深厚、神秘的东方风采、神奇的质感肌理,扑朔迷离,蕴含诗一般的意境。罩落以其多样的形式、丰富的内容、深邃的含义体现独特、耐人寻味的文化意蕴与艺术气息。花罩纹饰题材的选择上很讲究,装饰纹饰图案极为丰富,其设计思路通常运用象征、谐音、借代、组合手法。就雕刻内容而言,不乏山水人物、飞禽走兽、花卉虫鱼、博古器物、西洋纹样、喜庆吉祥元素等装饰题材。装饰图案创作来源主要有:①直接从自然界获取题材。如名山大川、亭台楼阁、花草鱼虫、翎毛走兽等。②运用组合的方法创作图案,将两种或多种不同的事物组合在一起构成图案,表达某种观念和寓意。如一些边缘连续图案构成的几何图形,在其中嵌刻福、寿、喜等字样,表达吉祥之意。③纹样的提取、概括和引用。如博古纹雕工细致,意境高远,俨然有金石拓本之美。西洋纹饰则反映了外来艺术的美学影响。

4. 罩落与家具的联系

"明式圈椅"是以严谨庞大的中式木作框架系统为背景的,其承载着中国文人的风骨意境、工匠的巧思精工,是中国坐具的重要代表作。罩落处在建筑主要的立面和视觉中心的位置,是传统建筑空间装饰的重点所在。皖南西递冰凌阁的木圆洞门栏杆罩,如图3-4 所示,就设计得非常巧妙。采用双面透雕,不管在哪一个角度都可以看见精美的图案。两者颇有"天圆地方"的设计理念。扬州个园"宜雨轩",左右两排顺梁枋安设落地罩以区分三开间,厅内装修和陈设典雅,中间明间为主会客厅,左右次间则为书房,大厅正中间的"鹤鹿同春"镂空楠木落地罩,如图 3-5 所示,雕工精细,图案精美,整体与室内家具风格协调,又能做到移步换景,妙趣横生。

图 3-4　冰凌阁木圆洞门栏杆罩

（图片来源：摄于安徽黟县南屏）

图 3-5　“鹤鹿同春”楠木落地罩

（图片来源：摄于扬州个园宜雨轩）

炕罩，又称炕面罩或床罩，是砖炕与架子床的结合体，形式同一般落地罩，是专门安置在床榻或炕前面的花罩，贴床榻外皮安在面宽方向，内侧挂蚊帐、帷幔或软帘。室内顶棚高者，床罩之上还要加顶盖，在四周做毗卢帽一类装饰，以示尊贵。但有时除顶端横批相同之外，每侧用两块隔扇，靠边的一扇为活动扇，可以启闭通行。炕罩在空间中明确限定出一个独立的空间范围，使得内部空间进一步局部化，形成了局部空间，与原有空间既相互对比，又保持联系，从而衬托出主人在室内环境中身份、地位的特殊性。

炕罩出现于清代，这与满族人的生活习惯有关，满族人生活在寒冷地区，室内生火，体息、睡觉在炕上，入主中原后将这一习俗带入内地，把木床和砖炕的形式结合起来，形成固定的炕，炕罩也随之流行开来，成为室内固定的装置。炕罩多用于清代正房起居处。南方的富豪之家有一种雕花梁床（又称牙床或架子床），则把罩与床连为一体。南京周园收藏了一架清式双重月洞门架子床，月洞式罩落上雕刻精美、玉石镶嵌丰富华丽，可视为劳动人民制造的精湛工艺品，如图 3-6 所示。

中式罩落的艺术特性充分反映了中华民族对于自然美的深刻理解，并将自然美的规律转换成最精巧、优美的人工居住环境，源于自然，且高于自然。以富含曲折变化、富含文化艺术内涵为特点，融合建筑、绘画、文学、书法、雕刻等，而具有完美的艺术成就和典雅的风格。罩落作为传统装饰小品，是我国传统建筑艺术上的瑰宝，具有独特的艺术形式和艺术魅力，对我国当代建筑设计和新中式家具设计具有重要的启迪和借鉴作用。

图3-6　清式双重月洞门炕罩

（图片来源：摄于南京周园）

第三节　传统民居室内形制下的中式家具

一、中式家具布局特点

中式家具布局遵循“以身为度”的传统室内空间尺度。“以身为度”指用自己身体的尺寸，丈量空间的比例和大小。在《周礼·考工记》中对室内空间中的家具陈设这样记载：“周人明堂，度九尺之筵，东西九筵，南北七筵，堂崇一筵。五室，凡室二筵。室中度以几，堂上度以筵，宫中度以寻，野度以步，涂度以轨。”几与席的陈设与数量需按不同身份和地位来定。中国古代建筑空间面积的大小，既要考虑人活动需要的数量与陈设位置，同时必须是“筵”的倍数才行。以“筵”作为建筑空间设计的模数，如至今保持席地而坐的日本室内所铺设的榻榻米；以“帖”作为单位，度量和室面积大小。

明文震亨著的《长物志》中精辟地论述道：“位置之法，繁简不同，寒暑各异。高堂广榭，曲房奥室，各有所宜。”可见当时的室内家具已根据人们的生活需要而布置。民居建筑平面布局常采用对称的格局，这种习惯与心理上的对称取向也体现在家具与陈设上。

明清时期，传统家具陈设基本形成比较固定的格局。一般厅堂、卧室、书斋等都相应地有几种常用的家具配置，并出现了成套家具的概念。通观中国古代居室陈设使用的家具与器物的发展历程，经历了实用化→方便化→艺术化→典雅化→陈设化→仿真化→专属化→配套化→组合化发展推进的若干阶段。中式家具的布局，大都采用成组中轴对称方式，如图 3-7 所示，以临床迎门的桌案和前后檐炕为布局的中心，配以成组的几、椅，或一几二椅，或二几四椅。家具多是成对的对称摆列，如柜、橱、书架等，力求严谨划一。家具在居室陈设中成为布置的重心和集结点，为其他陈设的布置提供了基础和平台。

图 3-7　家具陈设对称布局

（图片来源：摄于杭州胡雪岩故居）

二、传统空间中常见的家具陈设分析

中国传统民居四合院平面配置多采用均齐格局。传统民居建筑分为厅堂、卧房、书房三个主要功能区域，这就赋予了家具及陈设的基本要求。按空间类型分为厅堂家具、卧室家具、书房家具、厨房家具和其他类家具等。

1. 厅堂空间与家具

东汉刘熙在《释名 · 释宫室》“寝宫与第宅”一章中提到，“古者为堂，自半以前虚之，谓堂；自半以后实之，谓室。堂者，当也。谓当正向阳之屋”。也就是前堂后室的格局。汉代这种品面布局简化为“一堂二内”的形式，中间的正间为“堂”，两边的隔间为“室”。多进住宅不论三间五间，不管分隔与否，都称为“堂屋”，如图 3-8 和图 3-9 所示。

图 3-8　瑞谒黄堂

（图片来源：摄于福州"三坊七巷"）

图 3-9　闽都民俗文化大观园厅堂

（图片来源：摄于福州"三坊七巷"）

(1)厅堂种类。厅随着在群组建筑中的位置、平面形状、空间形态、环境特点等不同而有不同的名称。按建筑的空间序列分为：大厅、二厅、照厅、东厅、西厅、退厅、女厅、轿厅等。按平面形状可分为：一字厅、工字厅、之字厅、十字厅、丁字厅等平面类型。其中最典型的为"一字厅"，常用罩落分隔空间。按空间形态分为：板厅、凉厅、方厅、蝴蝶厅、抱厦厅、卷厅、倒座厅等。在李斗的《扬州画舫录 · 工匠营造录》中都有提及。

(2)厅堂平面陈设。厅堂是中国传统建筑中的主体部分，处在建筑群组的中轴线上，通常"坐北朝南"。厅堂是家族议事会客、婚嫁丧葬、祭祀祖先等仪式举行的场所，也是特定时空条件下权力关系、经济关系、宗族关系及其他社交关系与宗族关系展示的空间场所。堂作为家庭礼制的中心和主要的室内生活场所，在传统古民居中具重要地位。皖南民居厅堂平面布置中，其家具及陈设包括圆桌、凳、方桌、椅、条案、八仙桌、茶几、花几等。反映了典型的民居厅堂的生活环境与家具陈设。

(3)厅堂结构与陈设装饰。一般大厅为使空间开阔常不做顶棚而彻上露明，以结构显示建筑的造型美。可在结构构件上做彩画或油饰，如顶棚可以做藻井天花。各类大厅均因面阔和进深尺度大，需照明而挂宫灯。如扬州个园的"汉学堂"（图 3-10）和"清颂堂"（图 3-11），正厅设太师壁（板壁或屏风），置于厅堂正轴线上，起到挡风避邪和加强厅堂私密性的作用；厅堂前檐或太师壁上方设匾额，写堂号，中间是一副中堂画，两边是楹联，楹联常表达主人的志向、品格、德行或家风家教；太师壁的下面有张窄长的条案，过去供祖先神主，设香炉神台，后来在条案东边摆瓶西边摆镜，取其谐音寓意"终生平静"；太师壁上挂以祖训、明志等为主要内容的字画。

（4）厅堂家具布局。厅堂家具的布局、形制和风格具有很强的保守性，其室内布局讲究对称性，在陈设上讲究规范化，摆放制式较为恒定，根据不同场合的机能要求，家具摆放有统一的标准。家具布局简洁、合理，并具有庄重典雅的风格。厅堂家具常见的类型有：桌类（圆桌、方桌、半圆桌）、椅类（靠背椅、太师椅、扶手椅、交椅、圈椅）、条案类、几架类（茶几、花几）等。通常将一张案、一张八仙桌、八把太师椅，称为“一堂”家具。

图3-10　汉学堂

（图片来源：摄于扬州个园）

图3-11　清颂堂

（图片来源：摄于扬州个园）

太师壁前设八仙方桌，左右两边配有太师椅各一把，是主客落座之处。再向前在屋中央两侧是对称的几和椅。按照厅堂的大小，陈设两侧靠壁位置的家具。如“四椅二几、六椅四几、八椅六几”等对称陈设的形式，一般在堂的中央放一张圆桌，桌四周放鼓凳，在厅的角落设置高几，陈设器型较大的装饰性陶瓷器。清末中国巨商第一宅——胡雪岩故居，就融合了明清两代家具，建筑面积5800多平方米，整个建筑布局紧凑，内设33间厅堂房室。胡雪岩故居“和乐堂”（图3-12）和扬州何园“兴归堂”内家具陈设（图3-13），均采用“六椅四几”的形式。

曹雪芹在《红楼梦》第三回详细描写了黛玉进府时荣禧堂内的家具陈设：“进入堂屋中，抬头迎面先看见一个赤金九龙青地大匾，匾上写着斗大的三个大字，是‘荣禧堂’，……大紫檀雕螭案上，设着三尺来高青绿古铜鼎，悬着待漏随朝墨龙大画，一边是金蜼彝，一边是玻璃。地下两溜十六张楠木交椅，又有一副对联，乃乌木联牌，镶着錾银的

字迹，道是：座上珠玑昭日月，堂前黼黻焕烟霞。”从“大紫檀雕螭案”“两溜十六张楠木交椅”等描述可见厅堂面积之大、室内陈设装饰之华美、家具数量之多、用材及工艺之精良。从家具陈设的件数上，就反映了厅堂平面形制的大小。

图 3-12 “和乐堂”内家具陈设

（图片来源：摄于浙江胡雪岩故居）

图 3-13 “兴归堂”内家具陈设

（图片来源：摄于扬州何园）

2. 卧室空间与家具

卧室功能是休息及少量起居活动。卧室空间通常内置一床、一案、几张凳或一对椅配几。卧室中家具的摆放方式相对来说较随意。卧室家具常见类型有：炕或床、炕桌、衣橱、柜、箱、几等家具。床或炕是卧室空间的主要家具，也是居室装饰陈设的重心。

《红楼梦》第三回对卧室中的家具陈设这样描述：“于是老嬷嬷引黛玉进东房门来。临窗大炕上铺着猩红洋罽，正面设着大红金钱蟒靠背，石青金钱蟒引枕，秋香色金钱蟒大条褥。两边设一对梅花式洋漆小几。左边几上文王鼎匙箸香盒；右边几上汝窑美人觚一觚内插着时鲜花卉，并茗碗痰盒等物。地下面西一溜四张椅上，都搭着银红撒花椅搭，底下四副脚踏。椅之两边，也有一对高几，几上茗碗瓶花俱备。其余陈设，自不必细说。……老嬷嬷听了，于是又引黛玉出来，到了东廊三间小正房内。正面炕上横设一张炕桌，桌上磊着书籍茶具，靠东壁面西设着半旧的青缎靠背引枕。”从“临窗大炕”“梅花式洋漆小几”“四张椅”“四副脚踏”“一对高几”等描述可以发现家具种类丰富、陈设讲究、装饰华美。

床的种类丰富，有架子床或拔步床。架子床的构件繁多，但整体结构紧凑，对空间的分割与协调相当巧妙，空间结构体现出浓烈的装饰性。如：福州明清民居“三坊七巷”中的架子床（图 3-14），长约 2 m、宽为 1.5 m，四脚着地，上面雕刻有精美的葡萄纹样，寓意

“多子(籽)多孙”。为防止潮气腐蚀木料,床身与底足之间用束腰结构作为装饰。

拔步床在《鲁班经匠家境》中被分为“大床”和“小床”两类,流行于明清时期,体形庞大。整个床体由廊庑与床榻前后两部分构成,不像架子床那样直接落地,上床要跨上踏板,因其得名“拔步”。拔步床在居室之中营造了多重私密空间,体现出传统私密的生活方式。常在廊庑两侧中陈设方便起居的小型家具,如:几、椅、衣柜(箱)等家具以及生活必需品。通常是小巧别致的立几,完备者有二层台或抽屉,便于储藏小件物什。小几可放置灯具、文具甚至食物等。椅子通常在廊庑之中成对安放,这类椅子座面可活动,座位下的空间常用来储藏,如图 3-15 所示。

图 3-14　民居卧室内部家具陈设

(图片来源:摄于福州“三坊七巷”)

图 3-15　拔步床

(图片来源:摄于南京周园)

此外卧室主要家具还有大衣橱、鞋箱、小衣橱、衣凳、净桶、桶箱、面盆架等。卧室靠窗或墙处设立镜和长条案、衣柜、衣架等,组合出宁静和谐的生活气氛。家具上透雕吉祥图案,朱漆油饰,以金粉描画,又有黄铜配件如锁、吊扣、合页、包角等,喜庆吉利,俗称“一房红”。如绍兴鲁迅故居卧室内部家具陈设,如图 3-16 所示。

3. 书房空间与家具

书房又称书斋,通常指个人修身养性活动的场所。其家居陈设如图 3-17 所示。明清已经产生了文房专用或与之配套的家具系列。明朝的屠本畯在《考槃余事》中提到:“斋,宜明净,不可太敞。明净则爽心神,敞则伤目力。……斋中几塌,琴剑书画,鼎言之属,须制作不俗,铺设得体,方称清赏。永日据席,长夜篝灯,无事扰心,尽可终老。”可见,古人对书房的品位很高。空间不宜太大,室内陈设必须“铺设得体”,家具和装饰品的制作必须“不俗”，注重整体装饰的简洁、明净。因此，书房也是住宅中形制变化最多的，式样和布置都不像厅堂那样程式化，布置较为灵活顺应自然，主次分明、新颖多变。整个风格亲切雅致，显得活泼、轻快、舒朗。《长物志》中这样描述：“斋中仅可置四椅一榻，他如古须弥座短榻、矮几、壁几之类，不妨多设。忌靠平设数椅。屏风仅可置一面。书架及橱具列以置图史，然不宜太杂如书肆中。”常见的书房家具有：画案、书案、书桌、书架、书格、书柜、博古架、扶手椅等。如鲁迅先生笔下具有代表性的“三味书屋”，如图 3-18 所示。

图 3-16　民居卧室内部家具陈设(局部)

(图片来源：摄于绍兴鲁迅故居)

图 3-17　“三味书屋”家具陈设

(图片来源：摄于绍兴“三味书屋”)

以福州“三坊七巷”的“二梅书屋”为例。书屋门口种有两棵梅花，花开时节与整个建筑环境相映成趣，以“二梅”的幽雅、清香，道出了书屋的意境，如图 3-18 所示。书屋内部陈设如图 3-19 所示，书房的视觉重心和功能重心均为书桌，因此，主要功能性和装饰性陈设均在书桌及其邻近的一个视觉范围内。书桌居中布置，桌案上置笔筒、书架、砚台、镇纸等文具，并配以圈椅或扶手椅。书桌右边陈设笔洗，书桌左边靠墙放置一张条几，上摆放文玩。案或几的上方墙上挂书法或绘画。书桌正对面陈设边柜架橱箱，用来实现书斋存储功能。最有特色的是书桌后面，整面墙的博古架，又叫“多宝格”，兼放书籍和古玩，起到陈设展示作用。整个书屋体现“梅花傲雪的骨气”，商彝夏鼎精神中的“韵物”，塑造出书房古朴而高雅的情调。

图 3-18　二梅书屋

（图片来源：摄于福州“三坊七巷”）

图 3-19　二梅书屋内部陈设

（图片来源：摄于福州“三坊七巷”）

杭州胡雪岩故居内的书屋陈设则形式多样，如图 3-20 所示。主要便于文友相互切磋、啜茗弈棋、看书弹琴。罗汉榻有点像加宽的长条椅，是专供休息和待客的坐具，或者供午休时用。附以其他小型家具、字画、古玩等物，体现出浓厚的书香文化氛围。这种有层次的陈设使书房内形成以书桌为主体的数个功能子系统，组合成全部书房的装饰陈设群。可以延伸视觉焦点，从心理上扩大室内空间感，显示出层次较高的文化气氛。

图 3-20　书房内部不同的家具陈设

（图片来源：摄于杭州胡雪岩故居）

4. 厨房家具

《孟子》记载：“始有厨字，周末名厨也。”厨房的功能主要包括祭祀、就餐、取暖、烹饪、收纳、御敌、排烟、聚集、庖等。

中国家庭厨房的起源于新石器时期“火塘”的出现。周朝末年开始出现“厨”的概念。春秋时期厨房从住宅空间中独立出来。烹饪分工明确，庖厨异室。秦代，独立厨房逐渐开始普及。秦汉到宋朝是中国厨房演变的重要过渡期。隋唐开始，合餐对食物的制作与盛放、家具（如高大桌椅）及其布置、家庭成员之间的关系等都产生了重要影响，并形成了中国区别于西方的厨房文化。明清时期厨房趋于成熟和定型，实现“餐厨一体”。集礼仪、祭祀、交流、烹饪、就餐为一体的重要综合体。

传统礼制观念下，厨房被认为“不登大雅之堂”。因此厨房空间家具较少，多为具收纳功能橱柜类，以供日常生活用。如杭州胡雪岩故居（清）中就设有大小两个厨房。大厨房，如图3-21和图3-22所示，中间陈设一张长160厘米、宽80厘米、高70厘米的案桌，旁边摆放可随意移动的小方凳，供干活时使用。橱柜靠墙陈设，顶上摆放提盒等小件物品。小厨房，如图3-23所示，建筑面积是大厨房的1/3，空间内的家具相对简单，大件只有一橱柜，靠墙摆放。其余则是圆提盒、方提盒等小件家具。

图3-21　清 大厨房布局

（图片来源：摄于杭州胡雪岩故居）

图3-22　清 大厨房家具

（图片来源：摄于杭州胡雪岩故居）

图3-23　清 小厨房布局

（图片来源：摄于杭州胡雪岩故居）

建筑是表,家具是里;建筑围护着家具,家具补充了建筑。二者都是在中华民族悠久历史与优秀文化传统中孕育和发展起来的,提炼了各个时代的社会文化、生活习俗和审美情趣的精华。封建社会以农耕为主、自给自足的生产和生活方式,宗法血缘制度,伦理道德观念和行为规范,家庭结构,传统文化,风俗习惯以及自然条件等方面的影响,突出地反映在建筑布局和平面组合及家具陈设的特征之中。诸子百家学术思想体系深刻影响了当时和其后代几乎所有领域的发展方向,并不可避免地影响到建筑与室内空间形制的形成。其哲学思想、礼制文化与审美理念影响,左右着建筑空间形态的营造方向。中国传统建筑与中式家具,共同构成了极具中国特色的室内文化艺术。

家具的式样与建筑及室内装饰风格之间有着不可分割、一脉相承的血缘关系。家具在结构上、风格上也与建筑紧密结合。在结构上,中国传统建筑与中式家具都以木材为主要支架,且家具支柱的拉撑和建筑木结构方式相同,榫卯结构也相同。中式家具腿的倾斜、粗细,也如建筑大木构架的侧角和收分。中式家具的造型、雕刻、纹样与建筑的造型,装修的雕饰、纹样也相同。如家具的束腰与建筑的须弥座、家具的花牙子与建筑的替木、家具的床榻围子与建筑的门窗棂格的做法,都具有异曲同工之妙,可见建筑与家具的渊源关系。

只有民族的,才是世界的。家具是建筑的缩影,两者都是在中华民族悠久历史与文化传统中孕育和发展起来的,在满足人类需求的过程中,创造出独具民族特色的建筑文化和家具文化。中式家具与传统建筑的文化内涵,不仅代表了一个时代、一个民族的思想观念和生活习俗,同时也表达了社会及文化认知,坦露着古代中国人寄自然环境于居住空间的人文体会和文化观照。

第四章 现代住宅建筑室内形制与家具设计

第一节 现代住宅室内形制的探讨

建筑分为三类:公共建筑、生产建筑和住宅建筑。住宅是人生存与发展的基本条件,是人类有意识建造的供经常性生活休息的固定空间,同时也是居民财产的重要部分。住房包含了居住者对于自然环境、人文环境、交往对象和生活方式的选择。因此,不同收入群体在居住空间上存在差异。住宅的核心是人类的生活,其本质是"人宅相扶"。

近年来,我国住房和城乡建设部发布系列住宅装修的行业标准规范,如:《住宅室内装饰装修设计规范》《住宅装饰装修工程施工规范》《住宅室内装饰装修工程质量验收规范》《房屋建筑室内装饰装修制图标准》《建筑装饰装修工程质量验收标准》《建筑内部装修设计防火规范》以及《建筑内部装修防火施工及验收规范》,为规范住宅装修设计、施工、验收等活动提供了政策支撑,在一定程度上促进了家具产业的发展。

一、现代住宅室内形制发展状况

1. 住房制度的改革

住房制度的改革给住宅的发展带来了巨大的变革。从20世纪80年代起中国就已经开始了住房制度的改革,但这种改革并没有从根本上跳出计划经济体制下实物分配的框框。1998年,国务院推行住房分配货币化,一直延续实行的住房福利制宣告结束。住房制度改革从此进入住宅建设市场化和住房消费货币化的新的一轮改革,开启了住房资产

“私有化”的新篇章。进入21世纪后,政府提出加快城市化和小城镇化建设步伐,全面繁荣农村经济,加快城镇化进程。国务院根据社会需求和发展的需要,提出了住宅产业化的概念,以便进一步拉动消费市场,扩大消费领域。

由于住宅产业化的发展,住宅作为一种商品进入市场。2006年5月建设部等部门《关于调整住房供应结构稳定住房价格的意见》(简称“国六条”)中提出:“明确新建住房结构比例。‘十一五’时期,要重点发展普通商品住房。自2006年6月1日起,凡新审批、新开工的商品住房建设,套型建筑面积90 m^2 以下住房(含经济适用住房)面积所占比重,必须达到开发建设总面积的70%以上。”该意见的实施使城市住房类型以商品房为主导,供应户型结构发生明显的变化。户型结构的变化必然引起家居环境与生活方式的变化。

2017年,住房和城乡建设部印发《“十三五”装配式建筑行动方案》,推行装配式建筑全装修成品交房,推行装配式建筑全装修与主体结构、机电设备一体化设计和协同施工,提供菜单式装修方案,提高全装修综合水平。可以展望,建筑全装修将带动与住宅配套产品的标准化、系列化和产业化,为各类家具和配套产品提供了发展空间。

2. 人口增长拉动住房内需

根据中华人民共和国住房和城乡建设部数据统计(表4-1):1981—2021年,40年间内城市数量由226个上升至692个,城区人口由14 400.5万人上升到45 747.8万人,城市建设用地面积从6 720平方千米上升到59 424.59平方千米。从这组数据显示不难看出,城市数量、城区人口、城市建设用地面积显著增多。

表4-1 全国城市数量及人口、面积情况

面积计量单位/平方千米

年份	城市个数	城区人口	城市建设用地面积
1981年	226个	14 400.5万人	6720
1991年	479个	29 589.3万人	12 907.9
2001年	662个	35 747.3万人	24 192.7
2011年	657个	35 425.6万人	41 805.3
2021年	692个	45 747.8万人	59 424.59

(1)人口规模在持续扩大。我国科学把握人口发展规律,于2013年实施“单独两

孩”、2016 年实施“全面两孩”、2021 年实施“全面三孩”系列生育政策。2012—2021 年，年均出生人口为 1 620 万人。2021 年末，我国人口数量为 141 260 万人，比 2012 年末增加 5 338 万人，年均增长 593.1 万人，年均增长率为 0.4%。2022 年，国家统计局的这组数据表明我国人口规模在持续扩大。

(2) 人均居住面积持续增加。党的十八大以来，建筑业住房建设能力明显提升，人均居住面积持续增加。城镇居民人均住房建筑面积由 2012 年的 32.9 m^2，增加至 2021 年的 41 m^2。

(3) 商品房购买量持续增长。中共中央宣传部于 2022 年举行“中国这十年”系列主题新闻发布会，数据指出：近 10 年，住房供应规模持续增加，商品住宅销售面积累计 132.34 亿 m^2，是上一个 10 年的 2.2 倍。2021 年，商品房销售面积 179 433 万 m^2，比上年增长 1.9%；比 2019 年增长 4.6%，两年平均增长 2.3%。2022 年，商品房销售面积 135 837万 m^2，商品房销售额 133 308 亿元。

(4) 住房品质逐步提升。2021 年，建筑业总产值达到 29.3 万亿元，是 2012 年的 2.1 倍；增加值达到 8 万亿元，占 GDP 的 7%。装配式建筑、建筑机器人、建筑产业互联网等一批新产品、新业态、新模式初步形成。2021 年，全国新建装配式建筑面积达到 7.4 亿 m^2，占新建建筑比例的 24.5%。科技进步带来住房品质的稳步提升。

从以上四点不难看出，人口的增长推动住宅消费同比增长，成为我国的国民经济增长主要支点，也成为人们的消费热点。同时，人口的增长对住宅也提出了更高的要求，这必然拉动家具的内需。

3. 住宅户型设计的变革

纵观中国历史上住宅格局的演变，它一方面取决于社会制度的变革、生产力的发展，另一方面也决定于当地的自然条件和居民的生活习惯。新中国成立后，我国逐步从计划经济转化到市场经济。城市住宅户型的发展，主要经历了以下几个阶段。

(1) 从新中国成立到 20 世纪 60 年代。受当时经济能力的限制，初期城市住宅建设发展缓慢。这个时期的居住目标是“居者有其屋、一人一张床”。住宅以合住型为主，多户合住，共用厨卫空间。60 年代，为解决职工住房困难，中国建造了一批低标准的住宅，采用的十多户合用厨房，邻里之间需交错时间使用，卫生条件极低，使用不便，改造也较为困难。户型特点是：套型小，多为一室或带套间的两室，卧室兼起居与用餐的功能。

(2)20 世纪 70 年代。国家实力有较大提高，多数新建住宅中推行小面积独门独户形

式，有独立的厨卫空间，是中国厨房设计中的一大转折点。但限于当时的发展程度，厨房面积很小，其中设备也很简陋，仅有煤气灶台和洗涤池，科技含量很低。户型特点：以一至两室的穿套式房型为主，房间功能以睡眠为主，起居用餐功能尚未独立出来。

（3）20世纪80年代。改革开放带动经济的发展，这时的居住目标为“一户一套房”。这时增加了二室、三室的套型。户型特点：起居生活仍在卧室，走廊扩大成小方厅作为餐厅，达到餐寝分离。

（4）20世纪90年代。我国进入市场经济时期，经济高速发展，住宅模式主要以起居型为主。而1998年推行的商品房政策使城市住宅的形式大为改观，室内空间更加完善，越来越人性化。出现了规范化的厨房形式，住宅按照已制定“厨房设计的标准图”规范标准进行设计。户型特点：面积扩大，功能空间相应调整，起居室独立出来，达到居寝分离。

（5）21世纪。住宅的商品化特征越发明显，套型设计呈现多样化趋势。如SOHO、小户型、普通户型和非普通户型等。户型特点：功能分区明确、细化，如阳台、储存间、更衣室等；交通流线清晰；动静分区，干湿分离。随着生活方式的进步和家庭成员的增加，住宅基本框架内的布局变化会不断出现，智能化、模数化设计，工业化装配的灵活空间是未来住宅室内空间形式的发展方向。

4.住宅室内风格的变革

20世纪中国室内设计发展主要经历了：1900—1953年的萌芽阶段，此时室内设计完全依托于建筑设计；1953—1977年的停滞阶段，此时室内设计开始分离于建筑设计；1977—1999年的追赶阶段，此时室内设计彻底独立于建筑设计。

1900—1953年，西方古典建筑及室内设计的作品的大量涌入导致现代建筑及室内设计作品在中国诞生，并创作出许多富有影响的作品。建筑师担负着从室外到室内的整体设计工作。建筑及室内在迈向现代主义的过程中，展现了极为丰富的形式，区别于中国传统建筑及室内的营造方式大量地出现在中国的土地上。

1953—1977年，建筑与室内设计强烈地打上了政治的烙印。20世纪60年代，室内设计逐渐脱离建筑设计，成为一个相对独立的专业体系，基础理论建设渐成系统。“十大建筑”的设计与建造创造了中国营造史上的一个辉煌。“文革”期间，中国建筑与室内设计的发展基本停滞。室内设计仍然以装饰为主，其空间设计手法没有突破，较西方同期明显落后。一些地方建筑及功能性强的建筑的设计表达了中国建筑师对现代建筑及室内思想的自我探索。

1977—1999 年,改革开放带动经济快速发展。随着住房制度的改革,人们生活水平不断提高,大量旅馆、酒店类建筑建设,室内设计渐渐蓬勃发展起来,形成住宅装饰热、商业建筑装饰热与办公空间装饰热的三热现象。中国室内设计学会和室内设计相关杂志媒体的出现,以及国外设计师的参与,带动传统文化与现代形式设计结合,对中国本土设计起了“催化”作用。室内设计真正做到了空间、界面、陈设的有机结合,从内容到形式丰富多彩。

20 世纪 90 年代,中国室内设计专业由依附于建筑到独立分出。高校出现室内设计与家具设计专业,培养了一批批设计师,社会技术实践成果日渐丰厚。从 1999 年开始,以简约风格为代表的极简主义、现代主义设计风格开始在中国家装行业蔓延。随着人们对文化的追求、对生活的理解和个性的体现,以及行业配套产品的完善,中国室内设计经历了由国家政治主题装饰到全民关注装修的迅速发展过程。

21 世纪,在多元文化并行发展的信息时代,住宅的商品化特征越发明显,室内设计风格流派变化频繁,人们不再满足“简约主义”这种单一的风格。设计上呈现多样化,如:新中式风格、现代风格、后现代风格、自然风格、混合型风格等。

在中国的商品房出现之前,政府的计划经济使住宅设计无从谈起。随着国家取消住房统一分配政策和住宅产业化的进程,设计风格也不断多样化。居住的健康环保、文化性、舒适性受到普遍关注,出现“健康住宅、绿色住宅、生态住宅、科技住宅”等住宅设计理念。基于研究需要,本书主要对当下的住宅室内形制进行分析。

二、现代住宅室内形制种类

住宅指供家庭居住使用的房屋。从空间的使用功能来分,《住宅设计规范》(GB50096—1999)这样规定:套内使用面积包括卧室、起居室(厅)、厨房、卫生间、餐厅、过厅、过道、前室、贮藏室、壁柜等的使用面积的总和。

住宅的种类繁多,根据国家现行《住宅设计规范》中的相关规定,按楼体建筑形式分类,住宅类型分为低层住宅、多层住宅、中高层住宅、高层住宅、其他形式住宅等。按房屋类型分类,主要分为普通单元式住宅、公寓式住宅、复式住宅、跃层式住宅、花园洋房式住宅等。按年龄层次分为青年住宅、老人住宅、两代居住宅等。住宅类型在一定程度上决定了居住行为,也决定了室内设计和家具设计的发展。

三、现代住宅室内形制相关概念界定

1. 住宅套型种类

住宅类型大多为板式、塔式的集中住宅建筑，布局也就限定在平面上的矩形框架内。住宅使用年限一般为50～70年。

套型是指按不同使用面积、居住空间组成的成套住宅类型。如：一室一厅、一室二厅、二室二厅、三室二厅等。其与家庭生活模式、人口构成、空间组合关系、生理心理需求、社会意识形态、技术经济条件等密切相关。20世纪90年代商品住宅开始在我国房地产市场上出现以来，我国普通商品房套型已基本完成从“温饱型”到“舒适型”的转变，100 m^2左右的二居室、三居室套型已成为多数城市房地产市场的主流产品。

2. 室内使用面积

使用面积指房间实际能使用的面积，不包括墙、柱等结构构造和保温层的面积。

商品房是指开发商开发建设的供销售的房屋，能办产权证和国土证，是可以自定价格出售的产权房。商品房按面积通常分为以下几种。

(1)超小户型。2012年8月1日起施行的《住宅设计规范》(GB50096—2011)规定，住宅应按套型设计。对住宅套型的最小使用面积做出规定：①由卧室、起居室(厅)、厨房和卫生间等组成的住宅套型，其使用面积不应小于30 m^2；②由兼起居的卧室、厨房和卫生间等组成的住宅套型，其使用面积不应小于22 m^2。即套内使用面积在22～30 m^2。但“麻雀虽小，五脏俱全”，每套住宅设卧室、起居室(厅)、厨房和卫生间等基本功能空间。

(2)小户型。指具有相对完全的配套及功能齐全的“小面积住宅”。特点是每个空间面积较紧凑，能满足人们生活的基本需求，常为一居室到三居室，一厨一卫。小户型的面积目前并没有一个严格的规定。建筑面积在55 m^2以下的一居室、75 m^2以下的两居室和90 m^2以下的三居室。餐、客厅的面积在20 m^2以内，卧室的面积在15 m^2以内，且只有一个卫生间的户型，称之为小户型。小户型住宅，由于面积较小，在空间功能相对应的情况下收纳问题尤为突出，对收纳式家具的要求就越来越具体。小户型的产生与发展和城市人口结构、状态的变化息息相关，体现的是一种方便、时尚、快捷、优雅的生活方式，正逐步转化成现代都市的主力户型。

(3)大户型。大户型指建筑面积大、楼盘售价高、容积率较低的住宅户型。平层大户型产品表示一户人家的厅、卧、卫、厨等所有房间都处于同一层面，建筑面积在140 m^2及

以上统称为平层大户型。大户型对私密性、安全性的要求很高。

3. 室内进深与开间

开间指住宅的宽度。在1987年颁布的《住宅建筑模数协调标准》中，对住宅的开间有严格的规定。常用以下参数：2.1 m、2.4 m、2.7 m、3.0 m、3.3 m、3.6 m、3.9 m、4.2 m。

进深指住宅的实际长度。在1987年颁布的《住宅建筑模数协调标准》中，对住宅的进深有严格的规定。常见参数：3.0 m、3.3 m、3.6 m、3.9 m、4.2 m、4.5 m、4.8 m、5.1 m、5.4 m、5.7 m、6.0 m。

4. 室内净高与层高

室内净高指楼面或地面至上部楼板底面或吊顶底面之间的垂直距离。室内层高指上下两层楼面或楼面与地面之间的垂直距离。根据建设部发布的《住宅设计规范》（GB50096—1999），对室内净高和层高做了规定：普通住宅层高不宜高于2.80 m。卧室、起居室（厅）的室内净高不应低于2.40 m，局部净高不应低于2.10m，且其面积不应大于室内使用面积的1/3。卧室之间不应穿越，卧室应有直接采光、自然通风，其使用面积不宜小于下列规定：双人卧室为10 m^2；单人卧室为6 m^2；兼起居的卧室为12 m^2。厨房、卫生间的室内净高不应低于2.20 m。

第二节　民用住宅消费者心理问卷调查分析

针对目前房地产市场消费现状，编制了《民用住宅消费者心理问卷调查》。通过社会调查问卷数据来掌握不同人群对住宅以及对家具的消费需求。考虑到中国的具体国情，中国城乡二元差异比较明显，中国消费市场主要还是集中在城市，城市房地产市场对中国家具市场具有指标性的意义。

一、问卷前期准备工作

1. 问卷设计

问卷由三个部分组成，第一部分为消费者的购买需要。关于住宅类型、住宅面积、户型需求等内容。第二部分为消费者对家具的需求。如家具风格、家具材质、家具颜色、使用年限等方面。第三部分为消费者的基本资料。包括消费者的性别、年龄、职业和文化程度、家庭月收入等方面。

本次调查为了便于消费者作答，大部分答案应用了利克特量表评定，5 表示态度非常重要，4 表示态度比较重要，3 表示态度一般，2 表示态度不太重要，1 表示态度不重要。考虑到问卷问题较多，题型为封闭式，选项为单选题，直接在问卷上的相应选项打钩即可，直观易懂。目的就是做定量分析，以便于获取所需信息。

2. 问卷的实施

问卷调查采用访谈法，本问卷以城市居民的消费心理为研究对象，在南京房地产秋交会上对消费者进行问卷调查。共发放问卷 100 份，回收有效问卷 83 份，回收率为 83%。对于问卷项目漏选、多选或被怀疑为非认真作答的内容一律做废卷处理。

3. 统计方法

将纸质问卷数据采用编码的形式录入，所有问卷的答案连同受访者的个人信息都转换成数字或字母输入计算机，建立“民用住宅消费者心理问卷调查数据库”，根据需要提取相应数据。问卷调查的数据通过 SPSS13.0 软件进行相关的处理，进行统计分析。

二、研究对象总体情况分析

目前，在具体的消费心理和行为研究方面，基本上从两个方面进行研究，一方面特定的人群，另一方面是特定的行业。本问卷主要对特定的人群进行研究，如：根据年龄、收入或性别等划分进行研究。

就 83 份调查问卷做一个总体的数据统计分析，其中，男性 46 份，占 55.4%；女性 37 份，占 44.6%。为了使统计分析更能对样本进行解释，为此将样本人口特性变量中的部分项进行合并。

从消费者的年龄看：30 岁以下 43 人，占 51.8%；30 ~ 40 岁 26 人，占 31.3%；40 ~ 50 岁 9 人，占 10.8%；50 岁以上 5 人，占 6%。从消费者的职业看：公务员 6 人，占 7.2%；干部 1 人，占 1.2%；高管 2 人，占 2.4%；企业家 5 人，占 6%；专业人士（教师、医生等）6 人，占 7.2%；外企职员 3 人，占 3.6%；技术研究员 2 人，占 2.4%；公司职员 43 人，占 51.8%；自由职业或其他 15 人，占 18.1%。从消费者的文化程度看：初中以下 1 人，占 1.2%；高中或中专 15 人，占 18.1%；大专或本科 53 人，占 63.9%；研究生及以上 14 人，占 16.9%。从消费者的家庭月收入看：5 000 元以下 23 人，占 27.7%；5 000 ~ 10 000 元

38 人,占 45.8%;10 000 元以上 22 人,占 26.5%。

从以上数据来看,此调查样本男性与女性的比例相当,年龄段以中青年消费层偏多,他们是目标消费主体,其他各类文化程度、收入水平均有涵盖,故所调查的样本基本符合统计学意义。

三、影响研究对象购买住宅的需求分析

1.影响购买住宅的因素分析

住宅因素分析主要运用了因子分析法。因子分析可在许多变量中找出隐藏的具有代表性的因子。将相同本质的变量归入一个因子,可减少变量的数目,还可检验变量间关系的假设。根据消费者的人口特征情况,了解各个群体的住宅需求特点,做细化分析研究。

因子分析的方法有两类。一类是探索性因子分析,另一类是验证性因子分析。探索性因子分析不事先假定因子与测度项之间的关系,而让数据"自己说话"。主成分分析是其中的典型方法,也是本节分析所使用的方法。主成分分析的目的就是通过线性变换,将原来的多个指标组合成相互独立的少数几个能充分反映总体信息的指标,便于进一步分析。

SPSS(statistical produce service solutions)统计,因子分析首先运用 KMO 取样适切性量数(Kaiser-Meyer-olkin Measure of Sampling Adequacy)和巴特利特球形度检验(Bartlett's Test of Sphericity)两种方法对统计样本做因子分析检测(表 4-2)。KMO 统计量用于探测变量间的偏相关性,取值范围在 0~1。KMO 越接近 1,做因子分析的效果越好,若 KMO 值<0.6,则不太适合做因子分析。通过因子分析测度结果发现,KMO=0.771,可以做因子分析。巴特利特球形度检验的 sig 值<0.01,由此否定了相关矩阵为单位阵的零假设,即认为住宅因素各变量之间存在着显著的相关性。

表 4-2 因子分析检测

KMO 和巴特利特检验		
KMO 取样适切性量数		0.771
巴特利特球形度检验	近似卡方	573.048
	自由度	105
	显著性	0.000

表4-3说明了每个变量的共同度,从结果中可以看出,大部分高于50%。认为这些因子的代表性较强。

表4-3　公因子方差

项目	初始	提取
住宅价格	1.000	0.822
住宅得房率	1.000	0.409
住宅层高	1.000	0.703
住宅结构	1.000	0.636
住宅功能合理性	1.000	0.502
住宅装修风格	1.000	0.533
住宅装修质量	1.000	0.620
住宅装修颜色	1.000	0.706
家具与装修风格搭配	1.000	0.783
客厅装修	1.000	0.568
餐厅装修	1.000	0.686
卧室装修	1.000	0.628
书房装修	1.000	0.786
厨卫装修	1.000	0.623
其他空间装修	1.000	0.709
提取方法:主成分分析法。		

表4-4说明因子贡献率和因子个数的选择情况。第二栏为“提取载荷平方和”。最后一栏“旋转载荷平方和”,表示经过因子旋转后得到的新公因子的方差贡献值、方差贡献率和累计方差贡献率。和未经旋转相比,每个因子的方差贡献值有变化,但最终的累计方差贡献率不变,为64.753%。分析结果显示,可以分为4个有效公因子。

原则上如果有N个变量,则最多可以提取出N个主成分,但如果将它们全部提取出来就失去了该方法简化数据的实际意义。多数情况下提取出前2~3个主成分,已经包含了90%的信息,提取出的主成分能包含主要信息即可,其他的可以忽略不计。

表 4-4　总方差解释

成分	初始特征值			提取载荷平方和			旋转载荷平方和		
	总计	方差百分比(%)	累计百分比(%)	总计	方差百分比(%)	累计百分比(%)	总计	方差百分比(%)	累计百分比(%)
1	5.991	39.940	39.940	5.991	39.940	39.940	4.070	27.133	27.133
2	1.384	9.228	49.168	1.384	9.228	49.168	2.144	14.294	41.427
3	1.270	8.465	57.633	1.270	8.465	57.633	1.885	12.570	53.997
4	1.068	7.120	64.753	1.068	7.120	64.753	1.613	10.756	64.753
5	0.987	6.579	71.332						
6	0.799	5.327	76.659						
7	0.665	4.433	81.092						
8	0.634	4.228	85.320						
9	0.561	3.739	89.059						
10	0.458	3.055	92.114						
11	0.317	2.112	94.226						
12	0.286	1.909	96.135						
13	0.255	1.701	97.836						
14	0.208	1.385	99.221						
15	0.117	0.779	100.00						
提取方法:主成分分析法。									

因子得分系数矩阵表(表 4-5)为初始的未经旋转的因子载荷阵。

因子 1 上,载荷较大的变量:住宅装修风格、住宅装修质量、住宅装修颜色、家具与装修风格搭配、客厅装修、餐厅装修、卧室装修、书房装修、厨卫装修、其他空间装修。

因子 2 上,载荷较大的变量:住宅层高。

因子 3 上,载荷较大的变量:住宅价格。

因子 4 上,载荷较大的变量:无。

由此可分析出如下结果。

因子 1:装修设计因子。

因子 2:层高因子。

因子 3:价格因子。

表 4-5　因子得分系数矩阵

	成分			
	1	2	3	4
住宅价格	0. 365	-0. 126	0. 614	0. 544
住宅得房率	0. 351	0. 203	-0. 302	0. 392
住宅层高	0. 341	0. 752	0. 018	-0. 146
住宅结构	0. 530	0. 584	0. 112	-0. 037
住宅功能合理性	0. 577	0. 140	-0. 251	0. 295
住宅装修风格	0. 719	-0. 076	-0. 095	0. 023
住宅装修质量	0. 645	0. 135	0. 309	0. 302
住宅装修颜色	0. 671	0. 076	-0. 433	0. 250
家具与装修风格搭配	0. 749	-0. 226	-0. 411	-0. 048
客厅装修	0. 646	-0. 313	-0. 130	-0. 190
餐厅装修	0. 773	0. 005	-0. 153	-0. 256
卧室装修	0. 688	-0. 381	0. 091	0. 001
书房装修	0. 748	0. 089	0. 315	-0. 345
厨卫装修	0. 720	-0. 263	0. 175	0. 069
其他空间装修	0. 704	-0. 004	0. 294	-0. 358
提取方法:主成分分析法。 a 提取 4 个成分。				

旋转成分矩阵表(表 4-6),是经过旋转后的因子载荷阵。表 4-7 为成分转换矩阵。通过观测可以发现,旋转后的每个公因子的载荷分配更为清晰了,比未经旋转时更容易解释各个因子的意义。因子 1 上,载荷较大的变量:家具与装修风格搭配、客厅装修、餐厅装修、卧室装修、书房装修、厨卫装修、其他空间装修。因子 2 上,载荷较大的变量:住宅得房率、住宅功能合理性、住宅装修颜色。因子 3 上,载荷较大的变量:住宅层高、住宅结构。因子 4 上,载荷较大的变量:住宅价格。

通过因子分析,将问题的维度降低,可以更明显地看到消费者注重的方面。根据各个变量的特点进一步分析,可以归纳为如下结果。

因子 1:住宅装修设计因子。

因子 2:住宅建筑面积功能因子。

因子3:住宅户型因子。

因子4:住宅价格因子。

也就是新提取出影响消费者购房的4个潜在因素:住宅装修设计因素、住宅建筑面积功能因素、住宅户型、住宅价格因素。

表4-6　旋转成分矩阵

项目	成分			
	1	2	3	4
住宅价格	0.093	0.060	-0.006	0.900
住宅得房率	0.001	0.618	0.126	0.104
住宅层高	-0.003	0.180	0.817	-0.049
住宅结构	0.169	0.240	0.724	0.158
住宅功能合理性	0.248	0.618	0.185	0.155
住宅装修风格	0.579	0.384	0.151	0.166
住宅装修质量	0.303	0.286	0.320	0.587
住宅装修颜色	0.369	0.742	0.135	0.029
家具与装修风格搭配	0.699	0.537	-0.017	-0.082
客厅装修	0.723	0.209	-0.031	0.013
餐厅装修	0.711	0.296	0.304	-0.038
卧室装修	0.701	0.185	-0.082	0.310
书房装修	0.697	-0.059	0.492	0.232
厨卫装修	0.642	0.204	0.032	0.410
其他空间装修	0.710	-0.089	0.395	0.205

提取方法:主成分分析法。
旋转方法:凯撒方差最大化正交旋转。
a旋转在9次迭代后已收敛。

表 4-7　成分转换矩阵

成分	1	2	3	4
1	0.773	0.446	0.339	0.297
2	-0.442	0.167	0.876	-0.100
3	0.005	-0.653	0.210	0.727
4	-0.455	0.588	-0.272	0.611
提取方法:主成分分析法。 旋转方法:凯撒方差最大化正交旋转。				

2. 影响购房面积的需求分析

在 SPSS 问卷统计分析中,对研究对象住宅需求,运用方差分析。方差分析又称为变异系数分析或 F 检验。目的是观测变量在指定的水平上均值有没有显著性差异。设显著性水平 a=0.05。

影响消费者购房使用面积需求的原因有很多。经过前期的市场调研和分析,发现学历、购房者的职业、家庭月收入水平和户型等几个因素对购房面积需求有影响。现对 83 份有效问卷进行方差分析。从表 4-8 所显示的多重比较分析结果可以发现,在显著性水平 a=0.05 的情况下,对购房面积需求有显著性影响的因素为户型、职业和家庭月收入;而年龄和学历等因素对购房面积需求并无显著性影响。说明购房面积大小受不同学历和年龄的影响较小,因此,在此从表中剔除这几个因素。本文重点分析户型对面积的需求,这在很大程度上影响着中式家具设计。

表 4-8　单因素方差 LSD 多重比较分析

因变量	(I) 面积需求	(J) 面积需求	均差值 (I-J)	标准误	显著性	95%置信区间	
						下限	上限
户型需求	90 m² 以下	90～120 m²	-0.6691(＊)	0.19598	0.001	-1.0591	-0.2790
		120～140 m²	-0.8923(＊)	0.26044	0.001	-1.4107	-0.3739
		140 m² 以上	-1.7511(＊)	0.22813	0.000	-2.2052	-1.2971
	90～120 m²	90 m² 以下	0.6691(＊)	0.19598	0.001	0.2790	1.0591
		120～140 m²	-0.2233	0.21738	0.308	-0.6559	0.2094
		140 m² 以上	-1.0821(＊)	0.17739	0.000	-1.4352	-0.7290
	120-140 m²	90 m² 以下	0.8923(＊)	0.26044	0.001	0.3739	1.4107
		90～120 m²	0.2233	0.21738	0.308	-0.2094	0.6559
		140 m² 以上	-0.8588(＊)	0.24676	0.001	-1.3500	-0.3677
	140 m² 以上	90 m² 以下	1.7511(＊)	0.22813	0.000	1.2971	2.2052
		90～120 m²	1.0821(＊)	0.17739	0.000	0.7290	1.4352
		120～140 m²	0.8588(＊)	0.24676	0.001	0.3677	1.3500
		120～140 m²	-0.0353	0.35831	0.922	-0.7485	0.6779
家庭月收入	90 m² 以下	90～120 m²	-0.2218	0.21741	0.311	-0.6546	0.2109
		120～140 m²	-0.6846(＊)	0.28892	0.020	-1.2597	-0.1095
		140 m² 以上	-0.8552(＊)	0.25307	0.001	-1.3589	-0.3515
	90～120 m²	90 m² 以下	0.2218	0.21741	0.311	-0.2109	0.6546
		120～140 m²	-0.4628	0.24115	0.059	-0.9428	0.0172
		140 m² 以上	-0.6334(＊)	0.19679	0.002	-1.0251	-0.2417
	120～140 m²	90 m² 以下	0.6846(＊)	0.28892	0.020	0.1095	1.2597
		90～120 m²	0.4628	0.24115	0.059	-0.0172	0.9428
		140 m² 以上	-0.1706	0.27374	0.535	-0.7155	0.3743
	140 m² 以上	90 m² 以下	0.8552(＊)	0.25307	0.001	0.3515	1.3589
		90～120 m²	0.6334(＊)	0.19679	0.002	0.2417	1.0251
		120～140 m²	0.1706	0.27374	0.535	-0.3743	0.7155

基于观测到的平均值。

＊:平均值差值的显著水平为 0.05。

3. 户型与面积需求分析

从户型与面积因素的描述统计量表(4-9)所显示的结果可以发现,购房者对户型的需求选择上,对“三室”水平显著的数目最多,其他户型需求按显著的数目的高低,依次为“四室及以上”“二室”“框架自由分隔”和“一室”。

表 4-9　户型与面积因素的描述统计量

因变量	序号	类别描述	数量
户型需求	1	一室	1
	2	二室	15
	3	三室	45
	4	四室及以上	17
	5	框架自由分隔	5
面积需求	1	90 m^2 以下	13
	2	90～120 m^2	43
	3	120～140 m^2	10
	4	140 m^2 以上	17

购房者对面积的需求上,对“90～120 m^2”水平显著的数目最多。其他户型面积需求按显著的数目的高低,依次为“140 m^2 以上”“ 90 m^2 以下”和“ 120～140 m^2”。可见“90～120 m^2”面积的户型比较受欢迎。

从住宅类型需求方差分析(表 4-10)中可以发现,消费者对实用性比较强的户型的面积比较敏感,其多重比较的显著性数目也比较多。可以认为这些户型对购房面积的影响比较大。而消费者对“一室”这种实用性差的户型的购买欲望不强烈。他们对购房面积的影响不大。通过方差分析发现,消费者对“一室”的选择无显著性影响,因此在表中剔除该因素。

表 4-10 住宅类型需求方差分析

户型需求	面积需求	均值	标准差	数量
二室	90 m^2 以下	2.4444	1.50923	9
	90 ~ 120 m^2	1.0000	0.00000	5
	120 ~ 140 m^2	1.0000	0.	1
	总量	1.8667	1.35576	15
三室	90 m^2 以下	1.5000	0.70711	2
	90 ~ 120 m^2	1.0857	0.50709	35
	120 ~ 140 m^2	1.1429	0.37796	7
	140 m^2 以上	4.0000	0.	1
	总量	1.1778	0.64979	45
四室及以上	90 ~ 120 m^2	2.0000	1.41421	2
	120 ~ 140 m^2	3.0000	—	1
	140 m^2 以上	1.7857	0.97496	14
	总量	1.8824	0.99262	17
框架自由分隔	90 m^2 以下	1.0000	—	1
	90 ~ 120 m^2	1.0000	—	1
	120 ~ 140 m^2	2.0000	—	1
	140 m^2 以上	3.0000	0.00000	2
	总量	2.0000	1.00000	5
总量		1.5060	0.95475	83

从表 4-11 所显示的结果可以发现,购房者选择“二室”的户型时,对面积选择的水平显著的数目(从高到低)依次为:90 m^2 以下、90 ~ 120 m^2、120 ~ 140 m^2。

购房者选择“三室”的户型时,对面积选择的水平显著的数目(从高到低)依次为:90 ~ 120 m^2、120 ~ 140 m^2、90 m^2 以下和 140 m^2 以上。

购房者选择“四室及以上”的户型时,对面积选择的水平显著的数目(从高到低)依次为:140 m^2 以上、90 ~ 120 m^2 和 120 ~ 140 m^2。

购房者选择“四室及以上”的户型时,对面积选择的水平显著的数目(从高到低)依次为: 140 m^2 以上、90 ~ 120 m^2 和 120 ~ 140 m^2。

购房者选择“框架自由分隔”的户型时,对面积选择的水平显著的数目(从高到低)依次为: 140 m^2 以上、而 90 m^2 以下、90 ~ 120 m^2 和 120 ~ 140 m^2 的水平显著的数目较低。

表 4-11　面积需求方差分析

(I) 户型需求	(J) 户型需求	(I-J) 均差值	标准误	显著性	95% 置信区间	
					下限	上限
一室	二室	-0.481(b)	0.636	0.451	-1.749	0.786
	三室	-1.168(b)	0.616	0.062	-2.396	0.061
	四室及以上	-2.537(*,b)	0.633	0.000	-3.800	-1.274
	框架自由分隔	-1.125(b,c)	0.696	0.110	-2.513	0.263
二室	一室	0.481(c)	0.636	0.451	-0.786	1.749
	三室	-0.686(*)	0.214	0.002	-1.112	-0.260
	四室及以上	-2.056(*)	0.259	0.000	-2.572	-1.539
	框架自由分隔	-0.644(c)	0.388	0.102	-1.417	0.130
三室	一室	1.168(c)	0.616	0.062	-0.061	2.396
	二室	0.686(*)	0.214	0.002	0.260	1.112
	四室及以上	-1.369(*)	0.206	0.000	-1.779	-0.959
	框架自由分隔	0.043(c)	0.355	0.904	-0.664	0.750
四室及以上	一室	2.537(*,c)	0.633	0.000	1.274	3.800
	二室	2.056(*)	0.259	0.000	1.539	2.572
	三室	1.369(*)	0.206	0.000	0.959	1.779
	框架自由分隔	1.412(*,c)	0.384	0.000	0.647	2.177
框架自由分隔	一室	1.125(b,c)	0.696	0.110	-0.263	2.513
	二室	0.644(b)	0.388	0.102	-0.130	1.417
	三室	-0.043(b)	0.355	0.904	-0.750	0.664
	四室及以上	-1.412(*,b)	0.384	0.000	-2.177	-0.647

基于估计的边际平均值。
*:平均值差值的显著水平为0.05。
a. 多重比较的调整:最小显著性差异(相当于没有调整)。
b. 修正总体边际均值的估计值(I)。
c. 修正总体边际均值的估计值(J)。

据此得出结论:购房者选择“二室”的户型时希望住宅面积为 90 m^2 以下。购房者选择“三室”的户型时,希望住宅面积为 90 ~ 120 m^2,购房者选择“四室及以上”和“框架自由分隔”的户型时,希望住宅面积在 140 m^2 以上。

不同户型的功能分区和面积的变化,直接关系着中式家具的设计。下面将对影响消

费者购买家具因素进行系统的、深入的分析。

4. 影响研究对象购买家具的因素分析

由于影响家具购买的因素较多，这里主要运用 SPPSS 统计的因子分析，来简化、提取相关因素。

首先运用 KMO 取样适切性量数和巴特利特球形度检验两种方法对统计样本做购买家具的因素的因子分析检测。通过因子分析测度结果发现（表 4-12），KMO＝0.782，可以做因子分析。巴莱特球体检验的 Sig 值<0.01，由此否定了相关矩阵为单位阵的零假设，即认为各变量之间存在着显著的相关性。

表 4-12　因子分析检测

KMO 和巴特利检验		
KMP 取样适切性量数		0.782
巴特利特球形度检验	近似卡方	290.401
	自由度	55
	显著性	0.000

表 4-13 说明因子贡献率和因子个数的选择情况。最后一栏“旋转平方和载入”，表示经过因子旋转后得到的新公因子的方差贡献值、方差贡献率和累计方差贡献率。和未经旋转相比，每个因子的方差贡献值有变化，但最终的累计方差贡献率不变，为 61.509%。根据总方差解释表（表 4-13）分析结果显示，可以分为 3 个有效公因子。

图 4-1 为特征碎石图，也就是方差贡献的碎石图，是根据表 4-13 中“初始特征值”栏下“合计”列的数据所制作的图形，并将特征值降序排列。通过观察发现，第三个公因子后的特征值变化趋缓，故而选取 3 个公因子是比较恰当的。

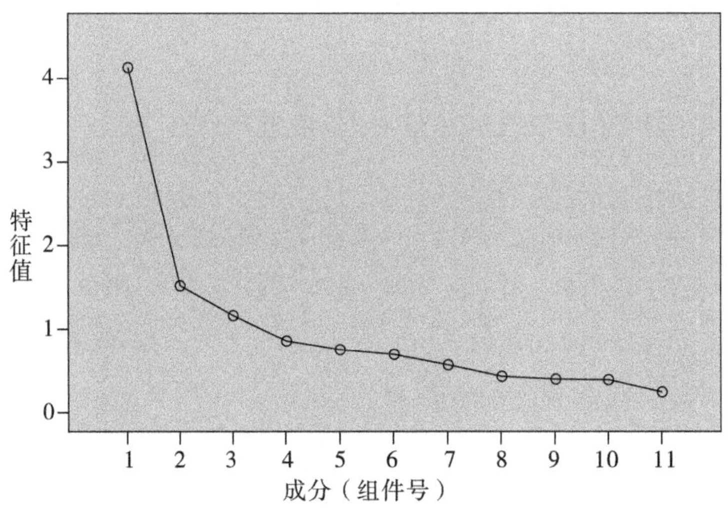

图 4-1　特征碎石图

（图片来源：SPSS13.0 自制）

表 4-13　总方差解释表

成分	初始特征值			提取平方和载入			旋转平方和载入		
	总计	方差百分比(%)	累计百分比(%)	总计	方差百分比(%)	累计百分比(%)	总计	方差百分比(%)	累计百分比(%)
1	4.118	37.434	37.434	4.118	37.434	37.434	2.589	23.538	23.538
2	1.501	13.645	51.079	1.501	13.645	51.079	2.207	20.061	43.599
3	1.147	10.430	61.509	1.147	10.430	61.509	1.970	17.910	61.509
4	0.847	7.701	69.209						
5	0.743	6.754	75.963						
6	0.678	6.166	82.129						
7	0.552	5.014	87.144						
8	0.413	3.759	90.902						
9	0.391	3.555	94.457						
10	0.379	3.449	97.906						
11	0.230	2.094	100.000						
提取方法：主成分分析法。									

成分矩阵表（表 4-14）为初始的未经旋转的因子载荷阵。因子 1 上，载荷较大的变

量:家具功能、家具材料、家具风格款式、家具设计、家具质量、家具实用性。因子 2 上,载荷较大的变量:无。因子 3 上,载荷较大的变量:家具价格。

表 4-14　成分矩阵

项目	成分		
	1	2	3
家具价格	0.424	-0.158	0.676
家具功能	0.644	0.022	0.261
家具材料	0.712	-0.342	-0.060
家具风格款式	0.670	-0.418	-0.155
家具设计	0.658	-0.453	-0.279
家具质量	0.741	-0.047	0.192
家具颜色	0.547	0.017	-0.521
家具舒适度	0.564	0.544	-0.251
家具实用性	0.600	0.570	-0.170
家具安全性	0.519	0.589	0.272
家具环保性	0.582	-0.094	0.206

提取方法:主成分分析法。
a. 提取 3 个成分。

旋转成分矩阵表(表 4-15)是经过旋转后的因子载荷阵。表 4-16 为成分转换矩阵。已知因子载荷是变量与公共因子的相关系数,对于一个变量来说,载荷绝对值较大的因子与它的关系更为密切,也更能代表这个变量。通过观测可以发现,旋转后的每个公因子的载荷分配更为清晰了。比未经旋转时更容易解释各个因子的意义。因子 1 上,载荷较大的变量:家具材料、家具风格款式、家具设计、家具颜色。因子 2 上,载荷较大的变量:家具舒适度、家具实用性、家具安全性。因子 3 上,载荷较大的变量:家具价格。

此时,变量的共同特性显示出来,因子的含义也就比较明显。与因子 1 密切相关的变量都是和家具外观设计有关的因素,而与因子 2 密切相关的变量是家具的功能属性。因子只是与价格有着密切关系。

据此,对 3 个因子命名:因子 1:外观设计因子;因子 2:功能因子;因子 3:价格因子。也就是新提取出影响消费者购买家具的 3 个潜在因素:外观设计因素、功能因素、价格因素。

表 4-15　旋转成分矩阵

项目	成分		
	1	2	3
家具价格	0.047	-0.063	0.810
家具功能	0.292	0.297	0.556
家具材料	0.698	0.109	0.357
家具风格款式	0.760	0.046	0.263
家具设计	0.831	0.040	0.154
家具质量	0.430	0.307	0.556
家具颜色	0.607	0.422	-0.155
家具舒适度	0.190	0.800	0.030
家具实用性	0.160	0.822	0.116
家具安全性	-0.118	0.691	0.444
家具环保性	0.343	0.182	0.489

提取方法:主成分分析法。
旋转方法:凯撒方差最大化正交旋转。
a. 旋转在 5 次迭代后已收敛。

表 4-16　成分转换矩阵

成分	1	2	3
1	0.669	0.526	0.525
2	-0.566	0.818	-0.099
3	-0.482	-0.231	0.845

提取方法:主成分分析法。
旋转方法:凯撒方差最大化正交旋转。

第三节　室内形制异同对家具的影响

住宅、室内和家具三个看似独立的专业领域,实际存在着千丝万缕的关联,都依据

"以人为本"的原则。住宅室内空间中的家具配置是三者的融合,在符合人体工程学的前提下,创造宜人的居住空间。空间关系上,家具在室内空间中的作用主要有:组织与划分空间;调节室内环境的色彩;营造空间气氛;划分功能,识别空间。在常见的30种民用家具中,椅、凳、几等小体量家具,摆放灵活,因此在使用时与空间尺度基本不会有冲突。但对于一些体量较大的家具来说,为了能更好地适应居住空间,营造一个舒适、安全和方便的室内环境,就必须考虑空间尺度对家具尺度的影响。

一、住宅建筑形制的改变

物质生活资料的丰富影响着人们住宅空间的改善。在不同的历史时期,住宅空间的功能与形态都在不断发生变化。住宅不可能不带着文化和生活习惯的印迹,设计中国人的住宅,自然不可磨灭地要打上中国人的烙印。住宅绝不仅仅是由形式、空间与环境综合而成的静态的物质空间,它同时是一个动态生活的过程。住宅室内空间形式在未来发展的过程中需要满足人们多变的生活方式。

1. 住宅建筑框架形制的改变

随着人们对住宅,特别是住宅平面与空间的要求越来越高。现代住宅建筑从最初的木构架,转换成砖混结构、框架结构,建筑空间结构更加趋于合理。原来普通的木构架结构对建筑空间的限定与分隔已不能满足人们对住宅空间的要求。

2. 住宅尺度的改变

传统住宅建筑空间为木构架结构。因此,室内平面尺寸和高度尺寸也较宽敞、高大。家具与家具之间,家具与墙壁、顶面的关系相对独立。独立陈设,对提高单位面积上贮藏功能的要求不高。

现代住宅空间尺寸相对传统合院来说,更为小巧紧凑。现代住宅规定,普通住宅层高不宜高于2.8 m。由于现代住宅面积的减少,家具的尺度和陈设方式就显得非常重要。家具摆放在住宅中尺度受房间尺度的影响最大,房间的开间、进深和层高限制着家具的长、宽、高。

3. 住宅功能分区的改变

今天人们的住宅空间比以前有了很大的提高,主要体现在户型的功能划分更细致。不同用户的需求对空间的分区也产生影响。拿现代住宅建筑而言,空间的功能至少要包括提供休息和生活起居的居室;供烹调做饭的厨房;供盥洗浴厕的卫生间;供存放衣物用的贮藏间等。空间功能的细分,直接影响到室内家具的尺度设计。

二、室内平面和构造对中式家具的影响

现代住宅建筑的套内功能空间,一般认为由居室、服务、户内交通和户外活动四部分组成,而居室部分是功能空间的核心,它由玄关、客厅、餐厅、卧室、书房、厨房、卫生间等组成。家具放置在住宅内,其外在尺度(长、宽、高)必须适应住宅空间的尺度。在住宅空间的开间和进深不变的情况下,家具体积太大或太小都会与空间比例不协调。室内形制的变化对中式家具外形尺寸的影响,体现在两个方面。

(1)古今住宅高度的异同对中式家具的影响。主要体现在住宅层高对中式家具立面设计的影响。在本书第四章中提到,空间分隔形式可划分为:全隔断、半隔断和虚隔断三种隔断类型。全隔断,是指从室内地面到顶面用家具做完全的分割。如大衣柜的设计,在高度上可按层高来设计,以便增加收纳空间,提高面积利用率。而作半隔断的柜类家具,高度设计上只要符合现代人的人体工程学尺度便可。

(2)古今住宅平面功能与尺寸的异同对中式家具的影响。主要体现在:住宅平面尺度对中式家具造型设计和家具布置格局的影响。传统院落式平面格局中,各功能都是相对独立的,建筑空间与陈设装饰紧密结合,相应的家具陈设也有一定的规律。通常将飞檐、游廊、雕梁画栋的顶面等大木作与隔扇、太师壁、落地花罩等小木作结合起来建造,配上八仙桌、条案、太师椅、屏风等家具。而今天受套型面积的影响,卧室、客厅、餐厅等空间布局紧凑。传统厅堂空间的“一堂”家具,倘若原样搬到现代普通住宅的客厅中,很显然,有限的面积是容纳不下的。室内家具也在随之发生着改变。这使得设计师需要关注现在住宅的特征,根据住户的需要,调整家具布置格局。组合式家具就是根据国内居住的环境、条件和国外家具样式发展起来的一种新型家具。此外,考虑中式家具的外型如何能更好地适应住宅空间。设计多样的家具造型和尺寸,以适应多层面、多元化的消费群体的需要。

三、室内风格和样式对中式家具的影响

室内的风格、样式与中式家具设计息息相关。室内设计和家具设计的基本点都是围绕着“以人为本”的设计理念,其根本目的都是满足人们的使用功能和精神需求等。室内的气氛形象与风格既与功能有关,也与时代特征有关,甚至与家具的结合、样式风格、材

质及其他的陈设配制有关。

家具是功能性的产品，同时又作为一种文化载体，对人的居住环境和家庭气氛有很大影响，鲜明地表现个人的品位和个性。家具在室内空间中不仅具有使用功能，还具有一定的装饰和调节空间关系的作用。家具设计除了要注重其使用功能，把握个性外，还应从室内环境的整体性出发，注重室内空间的整体风格和样式，在统一中求变化。本文主要从家具的风格、造型、色彩和空间关系等各方面加以进一步的探究。

1. 风格

风格特点是通过一定的造型语言来体现的。每一个民族文化的发展、演变都对室内设计及家具风格产生了极大的影响。换言之，不同时期的家具反映出不同时期的社会文化背景及民族特色，不同的室内空间也因为家具风格的不同而对人产生不同的心理感受。

不同类型的家具及组合方法，产生不同的风格与气氛特征。家具是空间实际性质的直接表达者，是空间功能的决定者。空间性质很大程度上取决于所使用的家具类型。家具可以充分反映出空间的使用目的、规格、等级、地位及使用者的个人特征等，从而为空间赋予一定的环境品格。家具的造型、色彩、材料与风格等因素应与整个室内环境的风格协调一致，体现中国传统文化的同时又不失现代城市气息，营造出舒适的现代生活环境。

2. 造型

家具造型是将功能、材料、结构通过运用一定艺术造型法则构成家具形体。

(1)家具的组合方式。从家具的体型形式来分，可分为单体和组合家具两种。为了不影响室内环境的整体统一，家具单体的形态应以简洁为宜。注重家具的多功能组合效果，在家具布置上更加灵活随意，各种不同规格的家具单体构件，根据不同空间的需求不断重复组合自由变换，并可重复拆装、组合，充分展示了使用者的创造力。一物多用，节省空间，组合性、趣味性强的魔方家具，符合现代生活，已成为现代中式家具设计的一个方向。

(2)装饰。现代中式家具设计除采用传统的装饰元素外，利用现代技术进一步扩展了家具装饰艺术。品种繁多的装饰材料、装饰题材和装饰纹样，造型别致的灯光、照明装饰，增强了家具设计的时代感和吸引力，体现独特的艺术氛围，增强了设计的视觉效应。

(3)造型及功能的人性化设计。做工上注意细节，人性化设计，如圆角的细节设计，可防止小孩和老人磕伤。可根据自己需要调整柜子的高度与隔层间隔，有利于培养孩子们的创造力。现代空间中减少家具镂空花板的使用，便于现代人快节奏的生活方式。折叠家具经过简易的开合，对原有功能进行延伸和补充。比如折叠桌，平时可供 4 人就餐，来了客人，可供 6 人就餐；还有折叠沙发，打开后可以当床，弥补了小户型没有客房的缺陷。考虑到主人在会客时和独处时会有庄重和舒服的不同坐姿，沙发靠背部分特别设计了高低不同的靠背，沙发背部可根据坐姿自动调节，在功能上创新，打造健康悠闲的理念。

3. 材料

中国传统家具的用材类型较为广泛，但以木材为主，且主要以红木系列木材为主。随着科学技术的进步，材料更加多元化。如：各种新型木材、改性木材、玻璃、塑料、合金等。

(1)不同材质的组合与设计。材料与质地是家具造型展示界面的要素。应大胆创新，充分运用不同材料、质地、肌理的配合，通过组合应用和对比手法获得丰富生动的家具艺术效果。在材质上可以运用现代材质，采用对比手法，与其他材质的混搭体现独特的中式风格。如选择玻璃、石材、铁艺、竹藤等天然材料与实木材质的对比，能增强现代气息又不失整体中式感。光家具台面就有：石英石台面、天然石材台面、耐火板台面、不锈钢台面、人造石台面等材质可供选择、设计。此外，用材质相同，而色系不同的材料作为家具的表面造型分割，既可表现统一的感受，又有变化的特色，是设计的常用手法。

(2)新型木材的运用。新型木材“源于自然，优于自然”，具有良好的机械加工和成型加工性能。通过不同材质的混搭与组合构成丰富的木家具形态。新型木材赋予了木材新的功能，它不仅带来“绿色健康、个性自然”的木材新产品，更倡导对生态环境的关注，顺应了“可持续发展”“低碳”的时代潮流，掌握家具的材料创新性，就把握了家具风格创新的创新主动性。

在中式家具设计中，应合理表现新型木材的色彩、质地、光泽、纹理等特征，充分展示材质自身的美。最大限度地发掘新型材料的形式、表现语言，掌握材料的材质特性，赋予材料以生命，精心融入“高科技”的因素，并加以应用。如：染色木家具。木材染色主要是用染料使木材着色和用化学药品与木材成分着色，使木材纹理清晰突出，并产生新的染色木纹特征。不同颜色的染色木的设计与应用，不仅能彰显出中式家具的艺术魅力，而且成为一种设计时尚。

4. 结构

结构是连接形式、功能与材料、技术的中间环节，只有通过一定的结构才能把材料和技术转化为形式与功能。结构上要求：稳定、牢固、安全。这一点与家具的使用功能是合

而为一的，因为科学的使用功能要求家具在使用中是安全的。

此外要能工业化生产，提高标准化程度，增加零部件的互换性。传统中式家具留给我们的知识财产之一就是其独特而完美的榫卯结构，这种结构不但牢固稳定，优美而圆润，而且解决了木制家具的很多自然缺陷。若不考虑工业化生产，这种家具结构几近完美。然而，历史的发展，社会的进步，使我们不得不抛弃传统的手工作业模式，转而考虑工业化生产。如板式家具主要运用32 mm系统结构，这种结构可以使家具零部件在一定程度上达成标准化，并具有可互换性，以适应工业化大批量生产。

5. 色彩

家具的质地与色彩起到调节室内环境色彩、营造室内氛围的作用，赋予室内空间生命力。在进行室内家具色彩与质感设计和应用时，应注意“统一与变化”的原则，根据不同的空间环境设计不同的色彩。对室内整体环境色彩进行总体控制与把握，即室内空间六个界面的色彩的协调。

例如，染色木的出现，给家具在色彩上带来新变化。采用浸染技术处理的材料，使木材呈现出金黄、咖啡、乌黑等颜色，并可烫出美丽的花纹。根据染色木制成的染色家具，不仅色彩自然，防腐耐用，而且永不褪色。通过对中式家具在色彩、材质等方面的改变，最终同现代室内设计相互融合，达到相得益彰的效果。

古为今用，推陈出新，将现代生活方式与传统的中式元素完美地融入室内设计当中，结合实用主义和功能主义，形成具有特色的新中式设计风格。

第四节　中式家具对接现代空间

设计上首先要考虑人体工程学，即人体生理方面基本的构造、尺度和动作等方面的问题。人体工程学联系到室内设计，其含义为：以人为主体，运用人体计测、生理、心理计测等手段和方法，研究人体结构、功能、心理、力学等方面与室内环境之间的合理协调关系，以适合人的身心活动要求，取得最佳的使用效能，其目标应是安全、健康、高效能和舒适。家具与室内空间的对接要注意以下3点：静态尺度（人体尺度）；动态尺度（人体动作域与活动范围）；心理需求范围。

1. 静态尺度

静态尺度也就是人体的生理尺度。家具、设施为人所使用，它们的形体、尺度必须以人体尺度为主要依据。人体尺度是人体工程学研究的最基本的数据之一，是室内设计与家具设计确定基本设计尺寸的依据，是室内设计与家具设计的基础数据资料。

2. 动态尺度

动态尺度即人体尺度和动作所需要的尺寸和空间范围。人们在室内各种工作和生活中活动范围的大小，即动作域，是确定室内空间尺度的重要依据因素之一。人体运动系统的生理特点，关系到人的姿势、人体的功能尺寸和人体活动的空间尺度，从而影响家具、设备、操作装置和支撑物的设计。室内设计时人体尺度具体数据尺寸的选用，应考虑在不同空间与围护的状态下，人们动作与活动的安全，以及对大多数人的适宜尺寸，并强调其中以安全为前提。

3. 心理尺度

心理尺度指人们交往时符合心理要求的人际距离，以及人们在室内通行时，各处有形无形的通道宽度。应充分考虑到环境心理学在室内设计及家具设计中的作用。认知环境和心理行为模式对组织室内空间有提示作用，设计者据此有了组织空间、确定其尺度范围和形状、选择其光照和色调等更为深刻的提示。

对心理学的分析可为室内环境设计提供理论指导。中式家具设计上应符合人们的行为模式和心理特征。如，家具给人的距离感和体量感；家具色彩对人产生冷暖感、共感受、软硬感、美感、轻重感等心理感受。人与环境相互制约，相互影响，环境心理学研究可为家具设计提供审美、舒适性、功能等方面的理论支持。

因此在设计家具时必须使家具的尺度在满足人体基本尺寸的基础上，适应住宅的尺度，从人的尺度、动作域、心理空间以及人际交往的空间等来确定空间范围。注意家具尺度、家具的数量与家具造型对人心理的影响，在家具陈设上对人的行为的“引导与制约作用”。家具的数量应最好占室内面积的35% ~40%。在小居室中，家具占住房面积可以达到到55% ~60%。

一、中式家具的设计尺度与现代室内空间尺度的对接实例

笔者曾为南京某三期楼盘（90 m^2，两室一厅户型）某住户做了室内设计方案。由于住宅的开间和进深对家具的影响主要体现在尺度的约束上，此外与家具的具体数量、种

类和布局有关。在此,以该户型的卧室平面为例,对家具陈设作具体说明。

住宅中的室内设计和家具设计应该考虑人们在使用过程中的灵活多变性。卧室家具的布置大多取决于房间门与窗的位置,习惯上以站门外,不能直视到床上的陈设为佳,窗户与床体多为平行方向。此外,贮藏柜、床头柜置放在床头两侧,视听展示柜则大多陈列在床的迎立面。梳妆台的摆放没有固定模式,可与床头柜并行放设,也可与床体呈平行方向布置。

该卧室平面家具布局是目前典型的卧室方案之一(图 4-2)。出现的卧室家具有:双人床、床头柜(2 个)、大衣柜、电视机柜、梳妆台、休闲椅(一对)、休闲茶几、书桌共 10 件家具。卧室家具对应的尺寸及常见家具相关范围尺寸见表 4-17。

表 4-17　卧室家具尺寸及相关范围

字母	平面位置	常见尺寸
L	房间进深尺寸	3.0 m、3.3 m、3.6 m、3.9 m、4.2 m、4.5 m、4.8 m、5.1 m、5.4 m、5.7 m、6.0 m
W	房间开间尺寸	2.1 m、2.4 m、2.7 m、3.0 m、3.3 m、3.6 m、3.9 m、4.2 m
L1	大衣柜长度	1000 ~ 2500 mm
L2	双人床长度	2000 ~ 2500 mm
L3	电视柜长度	1000 ~ 2000 mm
L4	窗宽度	建筑设计尺寸为准
W1	大衣柜宽度	600 mm
W2	床头柜 1 的宽度	400 mm ~ 600 mm
W3	床宽度	1000 mm ~ 2300 mm
W4	床头柜 2 的宽度	400 mm ~ 600 mm
W5	电视机柜的宽度	300 mm ~ 600 mm
C1	大衣柜内侧柜门所需的开启空间	400 mm ~ 600 mm
C2	梳妆台或书桌等家具的长度	600 mm 以上
C3	主卧室人口处门和门套线的宽度	800 mm 以上
C4	面阔方向过道宽度	500 mm 以上
C5	门开启时所需的位置	900 mm 以上
C6	进深方向过道宽度	500 mm 以上
C7	家具宽度	300 mm 以上

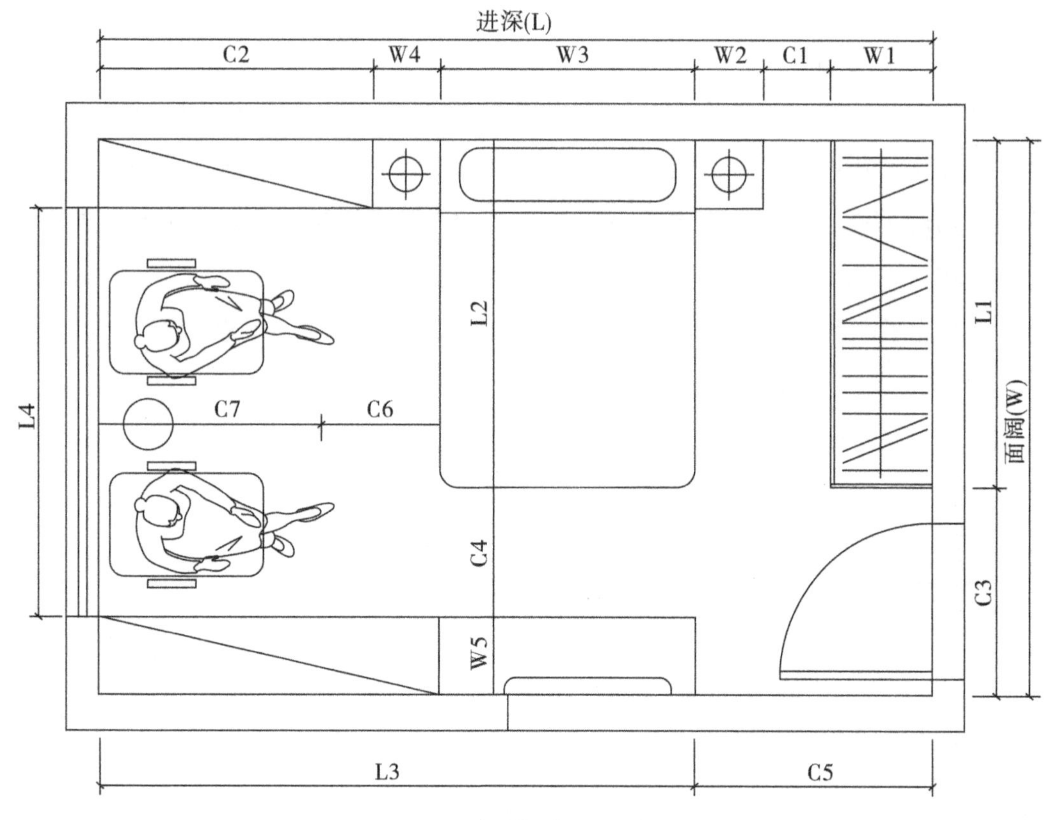

图 4-2　典型的卧室平面布局

（图片来源：本人绘制）

1. 平面尺度的对接

房间进深方向的尺度需满足：L≥W1+W2+W3+W4+C1+C2。在家具设计时，由于床、床头柜和大衣柜的宽度相对稳定。而 K2 具可调节性，这时要考虑到日常生活中衣柜内侧柜门完全开启的尺寸。通常一扇大衣柜门的宽度在 40 cm 以上，如果衣柜不是推拉门，则 C1≥40 cm。C2 的距离决定于家具尺寸及摆放方位。

L4 为开间窗户的长度。在 C2 和 L3 不摆家具时，可考虑在 L4 位置陈设家具。这时房间进深方向的尺度需满足：C7＝L－W1－W2－W3－C1－C6。C7 的实际距离决定家具的宽度。

房间的开间方向还需要满足 W－W5－L2＝C4≥500 mm。一个人通过需要的最小宽度就是 500 mm 左右，是床与电视机之间的过道宽度，它必须能够让一个人正面通过（两个人可以侧向通过），所以在设计床长和电视机柜深度时就有 W－W5－L2≥500 mm 限制。

房间的开间方向还需满足:L1≤W-C3。现在人们的家居物品越来越多,对储藏空间的需求增加。衣柜空间的增大主要就是在长度方向上的延伸,常见的家具布局中,衣柜宽 L1 受到 W 和 C3 的约束,在充分利用空间的理想情况下,L1 能够取到最佳值。但是考虑进门时衣柜给人的心理感受,衣柜总的长度要略小于(W-C3)。

2. 立面尺寸的对接

传统的高柜类摆放在现代空间中,柜子顶面与室内顶面出现很大的空缺,浪费了有限的空间资源(收藏类或半隔断类高柜除外)。本书以大衣柜为例(图 4-3)。

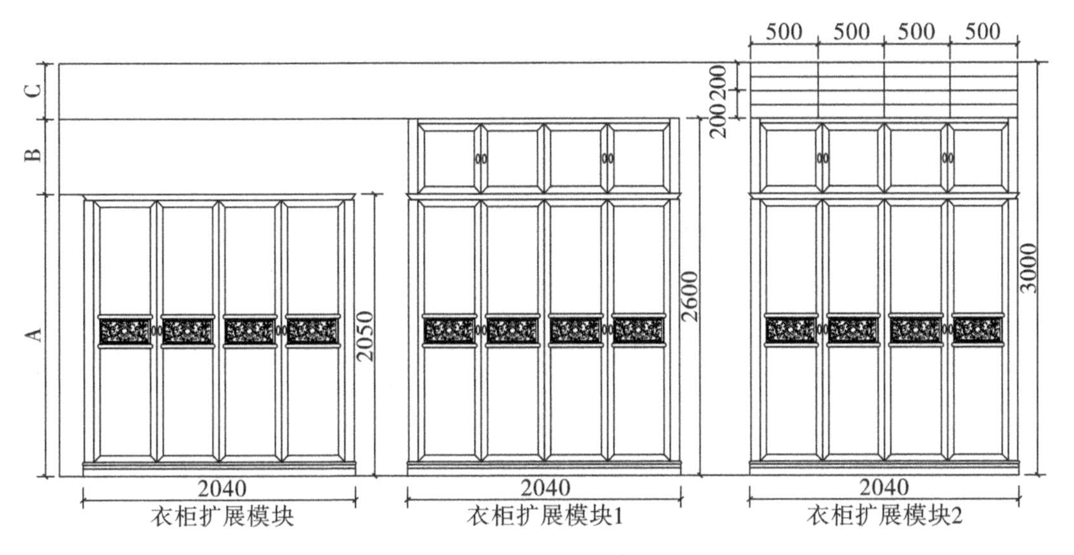

图 4-3　衣柜立面模块扩展

(图片来源:本人绘制)

A 为普通衣柜的高度,一般为 2 m 左右。而普通卧室的层高在 2.6~2.8 m。去除吊顶装修后的净高度(以净高=2.6 m 为例)2.6 m=A+B。B 的距离基本上被浪费掉。因此在现代设计中会在 B 段打一排 500~600 mm 的柜子,以便增加储存功能。见衣柜高度扩展模块 1。

别墅类及农村自建的宅基地房屋,层高都比较高,通常在 3~3.3 m。去除吊顶装修后的净高度(以净高=3 m 为例)3 m=A+B+C。衣柜扩展模块 1 如果摆放在这类室内空间,显然 C 段的距离会被浪费掉。然而 C 段的高度又不够设计一个存储柜的高度。这时可以考虑衣柜的装饰性。传统中式家具中最有代表性的就是雕花工艺。如花板、花牙子等。在立面设计上以 100 mm×500 mm 和 100 mm×600 mm(侧板)的花板为基本单元模

块，根据高度和柜子长度进行模块化组合，以适应不同的层高，同时增加装饰性。如图衣柜扩展模块2。

我国家具设计也逐渐显现出多功能、使用多元化、空间模块化的等特点。传统中式家具的制作过程至少需要3个月的周期，而通过模块化设计，解决了消费者的需求，省去定做家具的麻烦，同时大大节约了企业的时间和成本。

二、现代室内功能空间家具模块化设计

在民用住宅消费者心理问卷调查中，发现有将近25%的人群希望购买带精装修的住宅。面对这部分消费者的市场需求，笔者认为，开发商先做住宅建筑设计，再对室内与家具进行分段设计的方法过于浪费时间和资源。传统的住宅设计将居住需求对应为客厅、餐厅、卧室、书房、卫生间、厨房等功能性房间。然而，确定的房型和房间面积限制了居住需求的多元化。应以"低碳环保、节能省地、可持续发展"为前提，对住宅进行模块化设计。随着智能制造时代的来临和人们消费水平的提高，室内家具逐渐向定制化、模块化、功能化和智能化发展。

模块化设计是以系统为出发点，基于产品功能，通过分解和组合的方式构建模块体系的设计方法。模块化的设计方法是根据使用功能对于空间的量、形、质的合理安排，定性划分各功能空间的形态。将居住需求划分为几个基本功能模块，每个功能模块以最小的面积体现接待、就寝、洗漱、烹调等基本功能，通过对每个模块进行不同程度的扩展组合来满足不同的住户的居住需求。

本书根据人们的居住行为模式，把住宅空间系统划分为四个功能区域，通过模块进行功能分区。家具按其特征和日常生活习惯进行布置，组合套内功能空间，实现室内功能空间家具模块化对接（表4-18）。

表 4-18 功能区域模块分类

模块分类 / 功能分区	基本功能模块	拓展功能模块	拓展功能模块细分
家务劳动空间模块 厨房模块	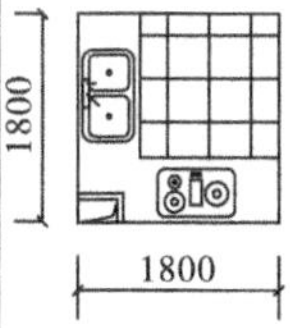 功能:烹调 尺寸:1.8 m×1.8 m 私密性:中 位置:固定	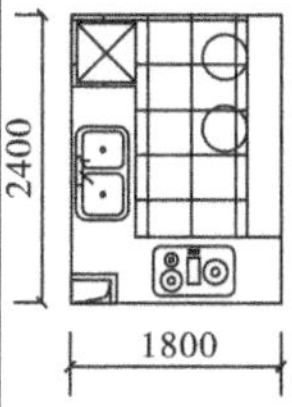 功能:烹调、储物 尺寸:1.8 m×2.4 m 私密性:中 位置:固定	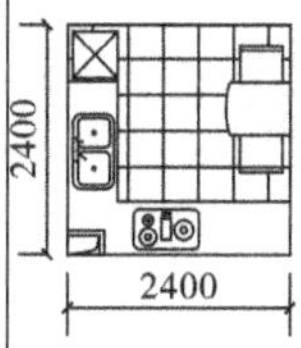 功能:烹调、储物、用餐 尺寸:2.4 m×2.4 m 私密性:中 位置:固定
卫生生活空间模块 卫生间模块	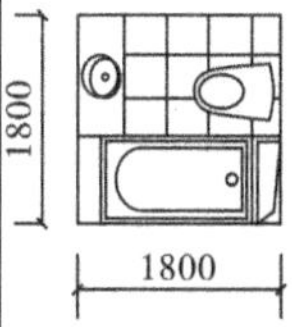 功能:盥洗 尺寸:1.8 m×1.8 m 私密性:强 位置:固定	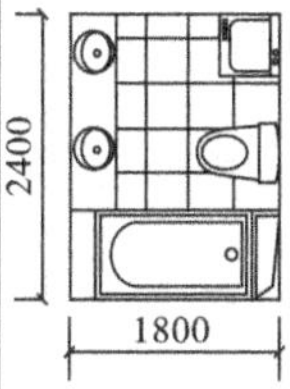 功能:盥洗、家务 尺寸:1.8 m×2.4 m 私密性:强 位置:固定	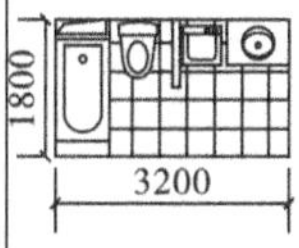 功能:盥洗、家务、储物等(干湿分离) 尺寸:3.2 m×1.8 m 私密性:强 位置:固定
家庭公共空间模块 餐厅模块	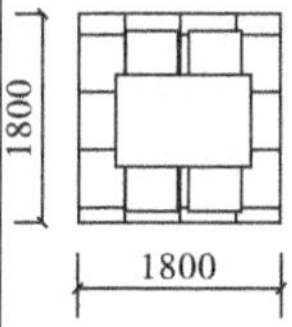 功能:4人就餐 尺寸:1.8 m×1.8 m 私密性:弱 位置:可移动	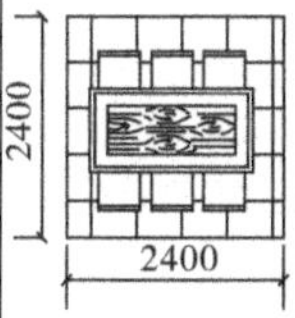 功能:6人就餐 尺寸:2.4 m×2.4 m 私密性:弱 位置:可移动	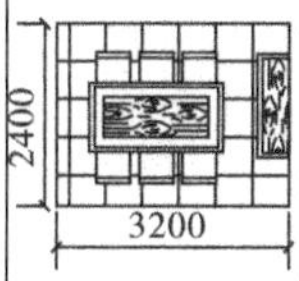 功能:就餐、储藏 尺寸:3.2 m×2.4 m 私密性:弱 位置:可移动
家庭公共空间模块 客厅模块	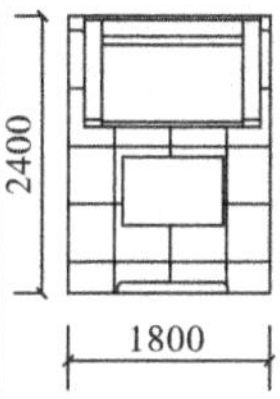 功能:接待 尺寸:1.8 m×2.4 m 私密性:弱 位置:可移动	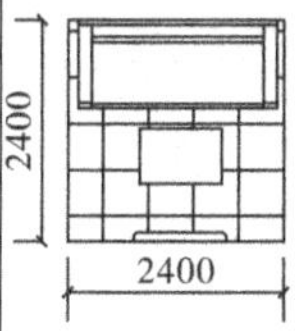 功能:接待、娱乐 尺寸:2.4 m×2.4 m 私密性:弱 位置:可移动	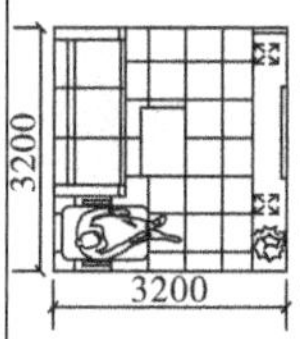 功能:接待、娱乐、休闲 尺寸:3.2 m×3.2 m 私密性:弱 位置:可移动
家庭私密空间模块 卧室模块	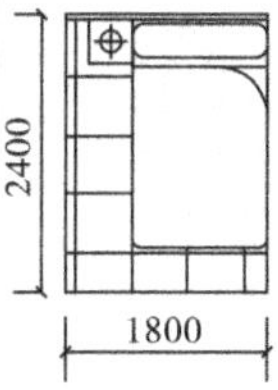 功能:睡眠 尺寸:1.8 m×2.4 m 私密性:强 位置:可移动	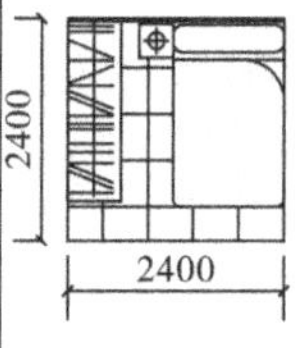 功能:睡眠、储藏 尺寸:2.4 m×2.4 m 私密性:强 位置:可移动	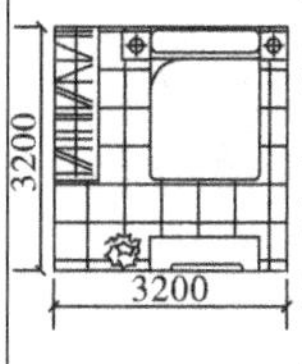 功能:睡眠、储藏、休闲 尺寸:3.2 m×3.2 m 私密性:强 位置:可移动

续表 4-18

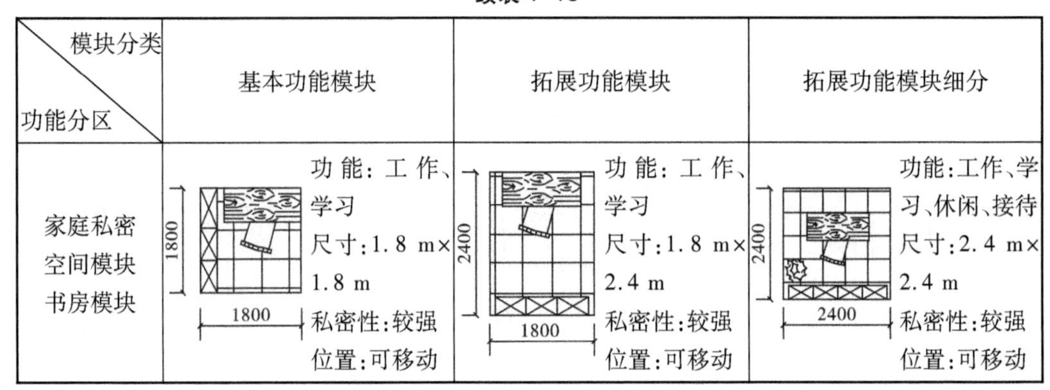

模块分类 / 功能分区	基本功能模块	拓展功能模块	拓展功能模块细分
家庭私密空间模块书房模块	1800 1800 功能：工作、学习 尺寸：1.8 m×1.8 m 私密性：较强 位置：可移动	2400 1800 功能：工作、学习 尺寸：1.8 m×2.4 m 私密性：较强 位置：可移动	2400 2400 功能：工作、学习、休闲、接待 尺寸：2.4 m×2.4 m 私密性：较强 位置：可移动

住宅空间功能区域分为以下四类。

一是家庭公共空间。公共活动空间具有文化和社交内涵，反映了一个家庭的生活形态，它面向社会，是外向开放的空间。按私密领域层次区分，它应布置在住宅的入口处，便于家人与外界人员的接触。如客厅、起居室、餐厅、门厅等。其活动内容包括团聚、会客、视听、娱乐、就餐等居住行为。空间特点是活动人数较多，多数是白天，有视听要求，空间要求较大，空间设计开放。

二是家庭私密空间。个人活动空间具有较强的私密性，也是培育与发展个性的场所，它应布置在住宅的进深处，以保证家庭成员个人行为的私密性不受外界影响。如卧室、学习工作室。活动内容为休息、睡眠、学习、业余爱好等。

三是家庭卫生生活空间。是家庭成员个人卫生生活空间。活动内容为洗面、化妆、便溺、洗浴等个人卫生行为。对应房间是公用卫生间和专用卫生间。公用卫生间是家庭成员共同拥有，单个使用的生理卫生生活空间，指专用卫生间，是主卧室专用。此外还包括储藏空间（储物存放空间），目的是维护卫生，保持家庭整洁。

四是家务劳动区。是家庭成员做家务的劳动生活空间。对应的房间是厨房、洗衣间、服务阳台和家政室等。这些房间使用的人数比较少。同样这些房间的空间设计也向开放性空间发展。

就现代住宅四大功能区域，本章中选取几种和人居住行为关系比较密切的家具，进行尺度上的归纳，对家具外形尺寸及陈设尺寸进行具体阐述。

1. 家庭公共空间的家具模块化设计

（1）客厅空间。访客动线主要指由入口进入客厅区域的行动路线，不应与家人流线和家务流线交叉，以免在客人拜访的时候影响家人休息或工作。

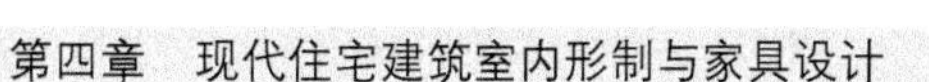

以沙发为主角的休息区，人与沙发之间的关系应当以坐着的人所需的尺度范围为标准。转角沙发，能充分利用空间，更明确交谈区域的划分，应为 1020 mm×1020 mm。根据人小腿的平均尺寸及座面的下陷深度，沙发座面高为 400 mm，倾斜角度为 6°。座面的软硬程度要适中，过硬或过软都会引起疲劳。根据人体大腿的平均尺寸，座面深为530 mm，以保证背部可以接触到靠背。沙发的扶手高为 560 ~ 600 mm。

长形茶几尺寸，高度应配合沙发座面高度 400 mm，除使用方便外，还能减少空间立面上的高差，增强整体性（表 4-19，表 4-20）。

表 4-19　客厅常见家具尺寸及相关范围　　单位：mm

		平面尺寸	加宽尺寸
沙发	单人沙发	760×760	810×（810 ~ 900）×900
	双人沙发	760×1200	810×1500
	三人沙发	760×（1750 ~ 1980）	
	转角沙发	760×760	1020×1020
茶几	长方形茶几	（500 ~ 900）×（900 ~ 1500）	
	正方形茶几	600 ~ 1200	

表 4-20　客厅家具　　单位：mm

座位数	家具名称			组织方式及尺寸范围
	名称	设计尺寸	数量	
2	沙发	1200×750	1	1900~2100 1200~1500
	杂志桌	400×800	1	
3	沙发	1200×750	1	2100~2400 1950~2350
		750×750	1	
	杂志桌	400×800	1	
	方几	600×600	1	

续表 4-20

座位数	家具名称			组织方式及尺寸范围
	名称	设计尺寸	数量	
4	沙发	2000×750	1	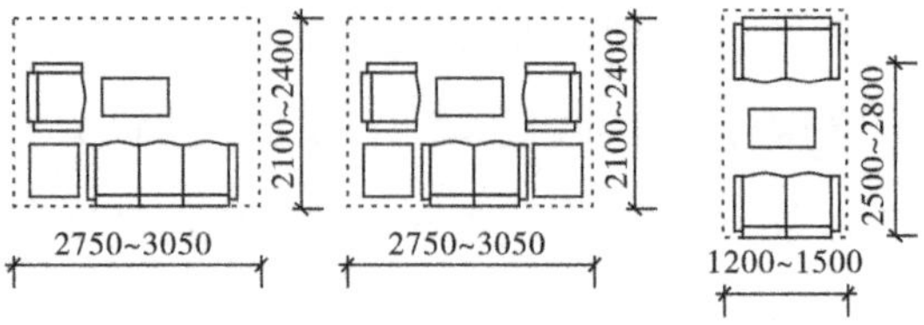 2750~3050 × 2100~2400；2750~3050 × 2100~2400；1200~1500 × 2500~2800
		750×750	1	
		1200×750	2	
	杂志桌	400×800	1	
	方几	600×600		
5	沙发	2000×750	1	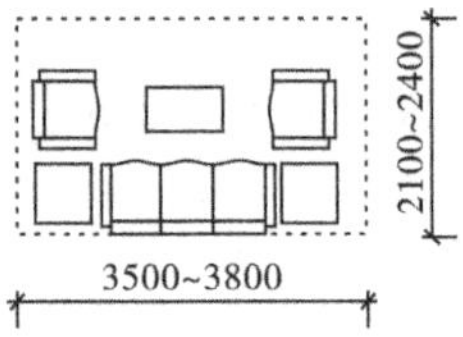 3500~3800 × 2100~2400
		750×750	2	
	杂志桌	400×800	1	
	方几	600×600	1	

现代电视柜常见尺寸高 500 mm 左右，随着电子产品的更新换代，电视柜高度变矮，在 300～400 mm，或者悬空式样。传统厅柜的主要作用是放置电视，但随着壁挂式平板电视的出现，厅柜逐渐失去这项使用功能，主要担负起储藏和美学功能。

（2）餐厅空间。设置方式根据房屋空间大小的不同主要分为三种组织结构：①厨房兼餐室；②客厅兼餐室；③独立餐室。餐桌尺寸的模块组合见表 4-21。

（3）玄关空间：鞋柜尺寸进深不小于 300 mm，鞋柜衣柜一体式不应小于 550 mm。

表 4-21　餐厅类家具　　　单位：mm

家具平面	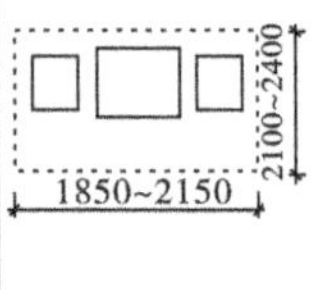 1850~2150 × 2100~2400	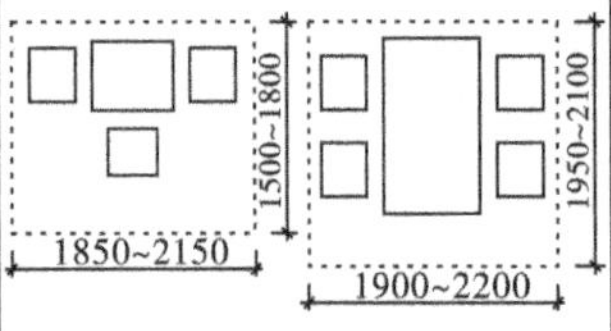 1850~2150 × 1500~1800；1900~2200 × 1950~2100	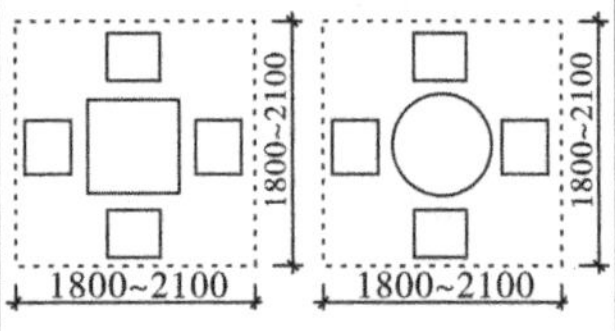 1800~2100 × 1800~2100；1800~2100 × 1800~2100	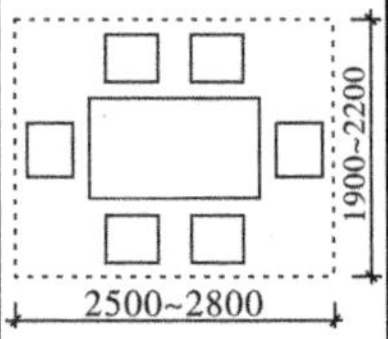 2500~2800 × 1900~2200
家具名称及设计尺寸	餐桌 600×650	餐桌 600×650	餐桌 800×1500	餐桌 800×1500
	餐椅 400×450	餐椅 400×450	餐椅 400×450	餐椅 400×450
座位数	2	3	4	6

2. 家庭私密空间的家具模块化设计

(1)卧室空间。睡眠区是供家人睡眠休息及储藏物品的场所。睡眠区的主要家具是床,其私密的程度很高。双人床的布置要尽可能使其三面临空,便于上、下床,穿衣和整理被褥等活动。床的边缘与墙或其他障碍物之间的距离应保持在 50 cm 以上,床头设床头柜或床头几。

卧室床主要有双人床、单人床两种。开间要求能满足摆放 2 m×2.3 m 的双人床,300 ~ 500 mm 的电视柜;有一面墙能摆下衣柜,衣柜高度可和室内净高平齐;活动通行宽度至少在 600 mm 以上。双人床的尺寸主要为:150 cm×190 cm,180 cm×200 cm;单人床的尺寸为 90 cm×190 cm 以及 150 cm×190 cm。

如果床头、床尾架和床线是 25 mm 的话,床的尺寸就是按上述 3 个尺寸每边再加多 25 mm。如空间允许,床垫的长度宜选 1990 mm。一张床的长度是,人高+220 mm 枕头位。1200 mm 与 1350 mm 双人床宽度选用床高的标准。加上垫面设计最好在 460 ~ 500 mm。

中小型房间需要床底贮物,如垫面低过 460 mm,则无什么位置贮物了。有的床垫面高于 560 mm 坐时会压迫大腿下部神经,而且与小房间尺度不配合,并不好看。床底贮物柜(床兜)是两边和床尾部缩入 100 mm 的。空间允许,可用倾斜的床头屏,倾斜度为 15° ~ 20°,这样使用时较舒服。床头柜与床垫面同高。

(2)书房空间。由于人们的生活规律和过去有很大不同,很多行业的工作状态和工作环境发生了变化。过去的工作环境和现在的工作环境、工作时间都不同,使用的工具也有很大不同,这就决定了在居住环境中的工作、休息方式和对于休息的环境的要求也不同,现代人尤其是年轻人更需要可以深度休息和更为合理的工作学习用的家具。面积在 8 ~ 11 m^2 较常见。

单人书桌可采用 600 mm×1100 mm 的台面,台高 710 ~ 750 mm。台面至柜屉底面距离不可超过 125 mm,否则,起身时会撞脚。桌面可以放置电脑,主台副台分离以增加台面空间;写字台高度限 76 cm,保持人体长时间学习工作的舒适;中间不再设抽屉,或设以文件夹、墨水瓶高度为限的薄型抽屉,以使两腿有足够自由度的空间。

3. 家庭卫生生活空间的家具模块化设计

住宅卫生间空间的平面布局与气候、经济条件、文化、生活习惯、家庭人员构成、设备大小、形式有很大关系。20 世纪 90 年代以前卫生间多为独立型,浴室、厕所、洗脸间等各自独立分开。独立型的优点是各室可以同时使用,功能明确,使用起来方便、舒适,特别是在高峰期可以减少互相干扰,但空间面积占用多,建造成本高。现代人给卫生空间注入新概念,增加许多新要求。归结起来可分为两种形式,见表4-22。

表4-22 卫生生活空间的家具模块化设计 单位:mm

分类		集中型1	集中型2	分区型1	分区型2
典型平面					
最小模数	L	2000	2500	2600	3200
	W	1600	1600	1600	1600

(1)集中型:把浴盆、洗脸池、便器等洁具集中在一个空间中。单独设立洗衣间,可使家务工作简便、高效;洗脸间从中独立出来,其作为化妆室的功能变得更加明确。洗脸间位于中间可兼作厕所与浴室的前室,卫生空间在内部分隔,而总出入口只设一处,是利于布局和节省空间的做法。

(2)分区型:现代卫生间通常干湿分离。干区可摆放卫浴家具,满足盥洗、化妆、贮藏更衣、摆放卫浴用品等需求。卫生空间中的基本设备,独立部分放到一处。分区型的优点是相对节省一些空间,组合比较自由。

4. 家务劳动空间的家具模块化设计

厨房空间:现代厨房空间包括洗涤、料理、烹饪、存贮四种功能。家具陈设方式通常有:L形、U形、一字形、岛形。便于厨房流程的操作。面积使用上,一般1~2人使用为2.5~3.5 m^2,3~4人套型为4.5 m^2。

对燃气灶、水槽、储藏柜位置等家务动线的合理安排,决定了整体橱柜设计与功能配备的要求。厨柜柜形,分为吊柜、地柜、特殊柜形三大类,其厨柜设计要以操作功能及实用性、合理性为前提,见表4-23。一般下柜高810~850 mm,上柜高700 mm左右,上下柜间距500~600 mm。

表 4-23　厨柜分类表　　　　单位：mm

按空间位置分	地柜、吊柜、高柜
按操作台面分	分体式、整体式
按功能分	灶柜、洗涤柜、操作台柜、调料柜、抽屉柜、拉篮柜、吸油烟机柜、储藏柜等
按材料分	台面材料：不锈钢、饰面防火板、人造石、天然石、彩色钢化玻璃等
按布置形式分	一字形、双排型、L 形、U 形、岛形

劳动空间的家具模块化设计尺寸：

分类		一字形	双排型	L 形	U 形	岛形
典型平面		W L	W L	W L	W L	W L
最小模数	L	1500	1800	2500	1800	2800
	W	2800	2100	1500	2100	2500

厨房小家电电器的多样化，如微波炉、烤箱、电饭煲、电水壶、榨汁机、洗碗机等，便利了生活的同时，也对厨房家具的设计及布置提出了更高的要求。这就要求充分注重细节设计，如操作台与电器插口的位置；对转交空间的利用，如转角柜，安有 270°合页，内装 360°转篮，能把角落的死角用活。此外还有铰链、滑轨、拉手、吊码、调整脚、后挡水、组装连接件、柜体连接件、隔板销、拉篮、转篮、调料架、挂件、刀叉盘等五金件和厨房小件，需要细节考虑。常见的柜体尺寸系列规格，见表 4-24。

表 4-24　柜体尺寸系列　　　　单位：mm

		宽度	深度	高度
地柜	灶柜	600、750、800、900、1000、1200	550、600、650、700	750、800、850、900、950
	洗涤柜	600、800、900、1200		
	操作台柜	150、200、300、400、450、500、600、700、750、800、900、1000、1200		
高柜		300～900	550、600、650、700	1000～2200
吊柜		300、350、400、450、500、600、700、750、800、900	320、350、400	500、600、700、800、900

对厨房、卫生间进行综合设计是住宅建设标准化的重点。设备应满足通用性、成套性、互换性和扩展性的要求。厨房、卫生间设施部件要引进、开发应用新技术、新材料、新工艺,同时对厨、卫内部各种构配件分门别类,加以规模化、标准化、系统化。

本章主要探讨了现代住宅室内形制对中式家具的影响。运用 SPSS 做市场调查统计,分析影响消费者购买住宅及家具的因素。通过方差分析、因子分析及描述性分析等方法,为市场调研提供可靠的科学依据,得出以下结论。

(1)研究对象住宅因素分析结果,得出影响消费者购房的 4 个潜在因素为:住宅装修设计因素、住宅建筑面积功能因素、住宅建筑结构与层高因素、住宅价格因素。

(2)研究对象住宅需求分析,得出对购房面积需求有显著性影响的因素为:户型、职业和家庭月收入。而年龄和学历等因素对购房面积需求并无显著性影响。

(3)影响购买家具的因素的因子分析,得出影响消费者购买家具的 3 个潜在因素为:外观设计因素、功能因素、价格因素。在影响消费者的购买因素中,经济条件和价格是影响消费者购买家具的主要原因。

(4)年轻人对新中式家具接受度较高。以实木为代表的自然材质最受大众消费者欢迎。因此,新中式家具非常具有潜力,企业应重视新中式家具的研究开发。

中式家具是一种有着深刻文化内涵的产品,是技术与艺术的统一,传统与创新的统一。设计必须服务于生活,注重人性化设计,并把设计成本降至最低。把设计中的重点放在如何营造舒适的生活上,使室内与家具紧密结合,从而创造出具有使用功能和兼容性的人居环境。应结合现代人的新需求、新思想,推陈出新,设计出体现和适合现代家居环境的新中式家具。在此提出两种解决方式。

一是针对已经开发住宅的中式家具对接解决方法。实现家具部件的模块化生产,灵活组合家具尺度。空间尺寸的对接上,把室内空间的分隔和家具陈设结合起来考虑,根据需要分割和改造空间。通过家具模块化设计及布置的灵活变化达到适应不同功能要求的目的,灵活组合套内空间。

二是针对住宅精装修的中式家具对接解决方法。家具模块化的功能组合,实现家具与住宅室内形制的对接。根据现代人的居住行为模式,家具按其特征和日常生活习惯进行布置。把住宅空间系统化划分为四个功能区域,每个功能模块以最小的面积体现接待、就寝、洗漱、烹调等基本功能,通过对每个模块进行不同程度的扩展组合来满足不同住户的居住需求,实现住宅室内功能空间家具模块化对接。

第五章 红木家具市场调查实证分析及家具创新开发探讨

红木家具是约定俗成的一类传统硬木家具的统称。根据《红木》中华人民共和国国家标准(GB/T18107—2017),红木是五属八类二十九种材料的总称。红木定义:紫檀属、黄檀属、柿属、崖豆属及决明属树种的心材,其构造特征、密度和材色(大气中变深的材色)符合本标准规定要求的木材。“八类”包括紫檀木类、花梨木类、香枝木类、黑酸枝木类、红酸枝木类、乌木类、条纹乌木类和鸡翅木类。

改革开放40多年以来,我国家具产业持续高速发展,家具产品质量水平也在逐步提高,现已成为全球家具制造和出口大国。2014—2017年,中国红木家具行业市场规模高速发展,由682.2亿元上升至1 003.5亿元。受国际公约限制、国家政策改革及木材价格波动影响,2018年红木家具市场价格走高,致使市场需求量有所下降,2020年为884.1亿元。根据中国海关数据显示,2020年中国红木家具进口数量为219 155件,相对于2019年上升了4.4%。2020年中国红木家具出口数量为7 818件,主要出口地为日本。

人们以红木为媒介所认知、创造、使用、消费的物质层面、精神层面与行为层面,都可称为红木文化。红木文化在物质层面,包括红木的制作工艺、加工方式;在精神层面,包括红木家具的艺术风格、红木家具的鉴赏与品位;在行为层面,包括红木的消费、红木家具的使用礼仪。随着消费升级,多元化、个性化需求日益增长,红木家具市场不断发展。需求存在市场就存在,前景是乐观的,红木家具逐渐被人们认识、喜欢和收藏。目前,市场上红木家具产品主要有三大类:仿古式、改良式和新中式。

第一节　红木家具市场调查实证分析

一、中式家具发展现状

郑和下西洋时，为压船舱带回的紫檀等硬木被做成精致的明式家具。随着东西方文化的交融，20世纪30年代，欧美艺术品收藏家肯定了明式家具艺术的价值，明式家具正式在重要艺术鉴赏场合出现。80年代，因明式家具线条简洁、造型优雅端庄，遂进一步受到欧美室内设计师的喜欢。90年代，我国以生产线条简洁流畅的明式家具与奢华精致的清代家具，成为世界上重要的红木家具出口国。2000年左右，家具企业为增强市场竞争力而推出中式家具新产品，如联邦、顺德三友家具等生产的部分产品。而高校家具专业对“现代中式家具”的研究，使现代中式家具上升到理论上的研究，并形成现代中式家具概念。

2010年，在第25届广州家具博览会上，尚怡家具厂的乐雅轩品牌，打出“新中式”旗号的乐府系列沙发获得了外观设计奖（组合）金奖。乐雅轩这套号称“献给当代的士大夫”的沙发，由实木、汉白玉、皮革等多种用材混搭而成，细节到位：拉手用汉白玉做成秦汉时期瓦当的形状，沙发靠背做成古代书牍造型，体现了时尚、低调的奢华理念，旨在倡导行业的原创性。新中式家具引领了中国家具行业的新方向。

近年来，中国许多家具品牌纷纷推出以中国传统家具文化为基础发展起来的新中式家具，新中式家具一方面保留了中国传统家具的文化内涵，极具中国韵味，另一方面又体现了现代人的审美需求。但是红木家具仍存在设计力量不足、款式少、功能单一等问题。

二、红木中式家具市场现状调查的意义

红木家具创新设计，是我国家具业健康可持续发展的重要课题。由于传统家具对用材要求苛刻，而红木树种成才的周期长，面对红木资源日益减少的状况，红木家具的创新与设计显得迫在眉睫。本章基于消费者的需求，通过红木家具市场调查和数据分析，对新中式红木家具展开研究。以期为新中式家具设计定位提供有力的依据，降低设计风

险；此外，使新中式家具与室内设计的结合更合理，更符合现代人的生活方式。

红木中式家具市场调查意义主要体现在：① 总结现有红木家具的优缺点，并进行定性定量分析，用以指导新中式家具的设计工作。② 了解消费者的居住状况、对居住生活的需求。使新中式家具与居住空间的结合更为合理，设计更符合现代人的生活方式。③ 了解家具消费者的心理感受，购买家具的意向，分析家具消费者的产品心理需求，为新中式家具设计定位提供有力的依据。

三、中式家具问卷调查的内容与问卷设计

针对目前红木家具市场现状，在现代生活方式和室内形制初步理论构想的基础上编制《红木家具问卷调查》，问卷包括五个部分的内容：第一，基本情况。关于中式家具消费者个人信息，主要包括消费者的性别、年龄、职业、文化程度、月收入。第二，居住情况。关于住房面积及其户型等内容。第三，购买家具意向。涉及消费者对市场现有中式家具外观设计购买的心理感受的问题和消费者购买的因素问题，是问卷项目的主要内容。第四，休闲方式和其他。第五，对目前中式家具设计的意见或建议（开放式问题）。详见附录。

本次调查采用结构型的问卷，主要采用定性和定量相结合的研究方法。其目的就是做定量分析，以便于获取所需信息。通过准确的社会调查问卷数据来掌握不同人群基于现代生活方式下，对中式家具的需求。主体问卷共 31 个问题，考虑到问卷问题较多，题型为封闭式，直接在问卷上的相应选项打钩即可，直观易懂，便于消费者作答。

1. 调查的规模

调查规模设为 300 人左右，包括不同年龄、性别、职业、收入的消费群体。此次红木家具问卷，共发放问卷 320 份，回收有效问卷 300 份，有效问卷率 94%。对于问卷项目被怀疑为非认真作答的内容一律作废卷处理。

2. 调查地区

以城市居民的消费心理为研究对象，考虑到中国的具体国情，中国城乡二元差异明显，家具高端消费市场还是主要集中在城市，城市家具市场对中国家具市场具有指标性的意义。考虑到城市社会经济发展特点、城市类型以及城市经济发展区域性等因素，根据调研的要求和实际情况，以东部沿海城市作为主要调查区域。其中，广东红木家具专卖店调查 181 份，中山 15 份，江西 16 份，福建 27 份，浙江 11 份，江苏 50 份。

3. 调查对象

本部分为单选题。主要根据人口统计因素划分消费者群体,将受访者根据性别、年龄、文化程度、职业和收入等进行分类。为了使统计分析更能对样本进行解释,将样本人口特性变量中的部分项进行合并。此次调查的对象为有意向购买中式家具的消费者和潜在购买家具的消费者。在300份有效问卷中,红木家具专卖店调查的目标客户群有181份,网上调查的潜在客户群有119份。客户群包括不同职业、不同年龄段的人。

4. 程序

施测方式:①采用纸质问卷在红木家具专卖店调查,进行施测。②电子问卷则通过网上随机发放,由本人及同学好友通过网络发送给亲朋好友填写,进行网上调查。

5. 统计方法

问卷数据的统计与分析主要采用Excel和SPSS13.0。纸质、电子问卷数据采用编码的形式录入,将所有问卷的答案连同受访者的个人信息都转换成数字或字母输入计算机,建立“红木家具问卷调查数据库”,根据需要提取相应数据进行统计分析。

四、研究对象总体情况分析

目前,在具体的消费心理和行为研究方面,基本上从两个方面进行研究,一是特定的人群,二是特定的行业。本问卷主要对特定的人群进行研究,如:根据年龄、收入或性别等划分进行研究。其中以年龄划分的比较多,青年人和中年人的消费心理和行为是研究的重点。

就300份调查问卷做一个总体的数据统计分析,样本特征介绍见表5-1。在300份问卷中,红木家具专卖店客户问卷调查181份,网上问卷调查119份。就性别而言,其中男性占64%,女性占36%;就年龄而言,30岁以下占58%,30~40岁占26%,40~50岁占12%,50岁以上占4%;就文化程度而言,大学及以上学历占77%,高中或中专学历占19%,初中及以下学历占3%。购买红木家具的男性消费者大于女性消费者,总体素质都比较高,且越来越趋向年轻化。月收入在2 000元以下的占18%,而2 000~5 000元的消费者占48%,5 000元~10 000元占15%,10 000元~30 000元占10%,30 000元~50 000元占2%,5万元以上占7%。由此可见,消费者具有一定的中高端消费能力。

从以上数据来看,此调查样本男性比女性多近28%,年龄段以中青年偏多,他们是目标消费主体,其他各类文化程度、收入水平均有涵盖,基本与整个家具产品的消费者的整体概貌相符,故所调查的样本基本符合统计学意义。

表 5-1 中式家具消费群基本情况调查统计 （单位：人；%）

变量	类别	个案数	百分比（注百分比四舍五入取整数）
性别	男	192	64
	女	108	36
年龄	30 岁以下	173	58
	30～40 岁	77	26
	40～50 岁	37	12
	50～60 岁	12	4
	60 岁以上	1	0
文化程度	初中及以下	10	3
	高中或中专	56	19
	大学	189	63
	硕士及以上	41	14
	其他	4	1
月收入	1000 元以下	14	5
	1000～2000 元	40	13
	2000～3000 元	76	25
	3000～5000 元	70	23
	5000 元～1 万元	46	15
	1 万元～3 万元	29	10
	3 万元～5 万元	5	2
	5 万元以上	20	7

五、居住情况分析

从表 5-2 可以看出，就问卷调查消费群的居住情况而言，消费者的住房类型中，商品房占的比例较大。居住面积在 80～120 m^2 占 37%；160 m^2 以上占 23%；60 m^2 以下占 14%；60～80 m^2 占 13%；120～160 m^2 占 13%。消费者喜欢着重装修的空间依次是：客厅、卧室及书房。此外，现代人对厨房和卫生间的要求也越来越高。因此在设计上要着重考虑家具尺寸与室内空间尺寸对接的细节。

从采集到的全部问卷数据来看，基本服从正态分布。这符合我国现阶段的经济发展水平和居民的消费水平，也和我国对商品房的调控政策相一致。说明该数据具有一定的代表性，能够代表沿海城市住宅的典型户型，该区段面积基本符合沿海城市地区住宅的基本特征。

表 5-2　中式家具消费群居住情况调查统计　　　（单位:%）

住房类型		住宅面积		住宅户型		喜欢的住宅风格		喜欢着重装修的空间	
商品房	45	80 ~ 120 m^2	37	3 室	36	现代风格	38	客厅	40
其他	21	200 m^2 以上	15	2 室	29	中式风格	27	卧室	30
租房	14	60 m^2以下	14	其他户型	16	欧式风格	14	书房	9
公寓	13	60 ~ 80 m^2	13	4 室	10	个性	11	其他	9
别墅	7	120 ~ 160 m^2	13	1 室	9	混搭	8	厨房	6
——	——	160 ~ 200 m^2	8	——	——	民族风情	2	餐厅	6

六、家具购买情况分析

1. 消费者购买意向调查

消费者了解家具产品信息通常是在房子装修前后和添置家具时。从表 5-3 可知，购买红木家具的目的多为自己使用，其次是给父母使用。能承受的一套家具价位多在 1 ~ 5 万（人民币）。根据目前家具市场销售情况，销售旺季上半年在 3、4 月份，下半年在 9、10 月份。这和房地产“金三银四，金九银十”的销售旺季是一致的。因此消费者购买住房的同时就开始考虑购买家具，注意收集家具产品信息。

表 5-3　中式家具消费者购买意向调查统计　　　（单位:%）

在什么情况下了解家具产品信息?		您更需要那种类型的红木家具?		您能承受的一套家具价位?		购买红木家具的目的?	
房子装修前后	70	客厅	41	1 万 ~ 2 万元	32	自己使用	72
添置家具	19	书房	19	3 万 ~ 5 万元	29	父母使用	14
除旧换新	7	餐厅	16	1 万元以下	23	子女使用	6
其他	4	都需要	16	5 万 ~ 10 万元	8	其他	6
——	——	卧室	8	10 万元以上	8	赠送他人	2

2. 调查对象产品需求趋势

新中式家具在设计上首先要满足人们的使用功能，在此基础上才能对其造型、色彩等进行艺术设计，给人们带来视觉美的享受。在家具产品的整体设计上，消费者的选择是：造型美观占 39%，方便舒适占 35%，功能齐全占 19%，材质新颖占 7%。因此，中式家具企业重视产品的开发和设计显得尤为重要。基于消费者对产品的需求，本问卷主要从风格、造型、款式、色彩、雕花工艺、功能、材料这几个方面来调查，见表 5-4。

表 5-4　中式家具消费者产品需求趋势调查统计　（单位：%）

序号	内容	选项	人数	百分比
1	家具整体设计选择	造型美观	144	39
		方便舒适	128	35
		功能齐全	69	19
		材质新颖	24	7
2	家具风格选择	现代风格	153	49
		新中式风格	70	22
		明式风格	41	13
		清式风格	33	11
		其他	16	5
3	家具造型选择	轻巧简洁	137	46
		厚重简洁	118	39
		厚重复杂	19	6
		轻巧复杂	13	4
		其他	13	4
4	家具款式选择	更具设计性	177	59
		只要好看都能接受	93	31
		大众口味	30	10
5	家具产品颜色选择	红色系	115	33
		棕色系	81	23
		黑色系	43	13
		黄色系	40	12
		其他	26	8

续表 5-4

序号	内容	选项	人数	百分比
		紫色系	25	7
		绿色系	13	4
6	家具雕花工艺选择	局部点缀	214	72
		大面积雕花	46	15
		不雕花	40	13
7	家具功能欠缺选择	其他	95	31
		折叠功能	90	29
		储藏功能	65	21
		保健功能	60	19
8	家具材料搭配选择	玻璃材质	86	24
		石材	77	21
		软包	72	20
		不同色系的红木混搭	64	18
		皮革材料	47	13
		金属材质	15	4
9	消费者关心的问题（多选）	价格	109	19
		品牌质量	97	16
		风格样式	89	15
		舒适度	80	13
		都重要	76	13
		材料	51	9
		环保	37	6
		颜色	32	5
		功能	22	4

（注：问卷中有多选题答案，因此表中各项栏中数目超出总和300。）

(1)风格需求。调查数据显示：现代风格占49%、新中式风格占22%、明式风格占13%、清式风格占11%、其他占5%。调查中发现，40岁以下的人群或者女性群体，大多倾向于现代风格与新中式风格。40岁以上的人群多倾向于明清风格，特别是老年人和男性群体对明清风格家具较为钟爱。越来越多年轻消费者青睐红木家具，原因是喜欢中式文化，购买红木家具作为居室文化和个性的体现，营造文化氛围。

(2)造型与款式需求。就造型设计的简洁和复杂程度而言，选择轻巧简洁占49%、厚重简洁占39%、厚重复杂占6%、轻巧复杂占4%、其他占4%。更多的消费者选择简洁造型的家具，这在一定程度上符合现代人快节奏的生活方式。款式选择方面：59%的消费者选择更具设计性的家具，31%的消费者认为只要好看都能接受，只有10%的消费者选择大众化口味。调查发现，中式家具市场上的产品款式差异小，已不能满足人们不断变化的需求。

(3)色彩需求。色彩选择方面：红色系占33%、棕色系占23%、黑色系占13%、黄色系占12%、紫色系占7%、绿色系占4%、其他占8%。代表中国传统的红色系，最受消费者欢迎。女性、年轻人较为喜爱时尚亮丽的浅色系和中间色，男性、中老年人则选择稳重的深色系。

(4)雕花工艺需求。雕花工艺选择方面，72%的消费者认为局部雕刻点缀即可，15%的人认为雕花图案精致越多越好，不喜欢雕花的消费者占13%。中式家具中最具有特色的就是其雕花工艺。许多企业常常有"雕花图案越多越好"这个误区。特别是镂空图案，不但增加了人工成本，而且消费者购买后对镂空雕花的部位难以清洁和打理。因此，作为家居用品，新中式家具的雕花工艺，应以局部雕刻点缀为宜，或者利用其他的技法来代替。

(5)功能需求。在功能选择上，29%的消费者选择带折叠功能的家具，21%的消费者选择储藏功能。这主要是由于现代人的住宅多以商品房为主，在有限的空间内，消费者希望具有带折叠或储藏功能的家具，以便于收纳或存储。19%的消费者选择保健功能，且多为中老年消费者，他们更注重健康和养生。其他占31%，这部分消费者比较满意目前家具产品功能现状。

(6)材料需求。调查时发现，不同年龄层次对红木家具产品材种的选择具有显著的差异。中年消费群体对花梨、紫檀、红酸枝等名贵红木家具较为喜欢，且具有一定的购买能力。而青年消费群体，受审美观和消费理念的影响，认为材料只要好看都可以。在红木家具材料搭配选择上，消费者最喜欢玻璃材料，而对石材、软包、不同色系的红木混搭与皮革的喜爱度依次递减。因此，在新中式家具材料创新设计上可适当增加不同材质的比重。由于金属材料给人以"冷"的感觉，选用则需慎重，以点缀为佳。

经过问卷整理，价格、品牌质量、风格、舒适度是消费者最关心的问题，其次是材料、颜色、环保、功能等方面。越来越多的年轻群体，逐步认识到代表中国传统家具文化的红

木家具的深远魅力。家具选购上求新求异,不拘泥于传统家具用材,更偏向对红木家具式样的选择,这对新中式家具的创新设计提供了更大的发展空间。

七、红木中式家具专卖店消费者问卷调查分析

本小节主要以红木中式家具专卖店181位目标消费者的问卷为样本有针对性地做详细的分析。

SPSS统计中首先运用KMO样本测度和巴莱特球体检验两种方法,对统计样本做因子分析检测。KMO统计量用于探测变量间的偏相关性,取值范围在0~1。KMO越接近1,做因子分析的效果越好,若KMO值<0.6则不太适合做因子分析。通过因子分析测度结果发现,KMO=0.573,变量间相关性不强,不太适合做因子分析。

在SPSS问卷统计分析中用到了方差分析,方差分析又称为变异系数分析或F检验。目的是观测变量在指定的水平上均值有没有显著性差异。设显著性水平a=0.05。

此外统计分析中主要采用了交叉分析法,又称列联表分析法、关联分析法,这种方法在调研中被广泛应用,用以探讨多个变量的关联分布,某一变量相对于其他变量的分布特征,从而研究分类变量之间的关系。本文中主要将各个选项的数据与受访者的人口特征因素进行交叉分析,从而了解各个群体的家具消费心理特点,以做细化分析研究。应用根据消费者的人口特征情况,对消费者对家具外观设计心理效果评价和影响家具消费者购买因素进行系统、深入的分析。

1.不同性别和年龄对中式家具需求的影响(双因素方差分析)

从双因素方差分析表(表5-5)中可以分析出。

(1)雕花工艺。a R Squared = 0.085(调整后的R平方 = 0.048)。结论:在显著性水平a=0.05的条件下,F的显著性Sig. =0.623>0.05,因此性别对雕花工艺没有显著性影响;F的显著性Sig. =0.019<0.05,因此年龄对雕花工艺的选择具显著性影响。

(2)款式选择:a R Squared = 0.046(调整后的R平方 = 0.008)。结论:在显著性水平a=0.05的条件下,F的显著性Sig. =0.024<0.05,因此性别对款式选择的选择具有显著性影响;F的显著性Sig. =0.934>0.05,因此年龄对款式选择的选择没有显著性影响。

(3)造型偏向:a R Squared = 0.060(调整后的R平方 = 0.022)。结论:在显著性水平a=0.05的条件下,F的显著性Sig. =0.195>0.05,因此性别对造型偏向的选择没有

显著性影响;F 的显著性 Sig. =0.366>0.05,因此年龄对造型偏向的选择没有显著性影响。

(4)价位选择:a　R Squared = 0.152(调整后的 R 平方 = 0.117)。结论:在显著性水平 a=0.05 的条件下。F 的显著性 Sig. =0 .484>0.05,因此性别对价位的选择没有显著性影响。F 的显著性 Sig. =0.000<0.05,因此年龄对价位的选择有显著性影响。

(5)材料搭配:a　R Squared = 0.022(调整后的 R 平方 = -0.018)。结论:在显著性水平 a=0.05 的条件下。F 的显著性 Sig. =0 .642>0.05,因此性别对材料搭配的选择没有显著性影响。F 的显著性 Sig. =0.672>0.05,因此年龄对材料搭配的选择没有显著性影响。

(6)家具风格:a　R Squared = 0.068(调整后的 R 平方 = 0.031)。结论:在显著性水平 a=0.05 的条件下。F 的显著性 Sig. = 0.907>0.05,因此性别对家具风格的选择无显著性差异。F 的显著性 Sig. =0.080>0.05,因此年龄对家具风格的选择没有显著性影响。

(7)家具颜色:a　R Squared = 0.046(调整后的 R 平方 = 0.008)。结论:在显著性水平 a=0.05 的条件下。F 的显著性 Sig. = 0.986>0.05,因此性别对家具颜色的选择无显著性差异。F 的显著性 Sig. =0.239>0.05,因此年龄对家具颜色的选择没有显著性影响。

表 5-5　双因素方差分析表

因变量	方差来源	平方和	自由度	均方	F 值	显著水平 Sig.
雕花工艺	性别	0.068	1	0.068	0.243	0.623
	年龄	3.406	4	0.851	3.039	0.019
	性别 * 年龄(交互效应)	1.449	2	0.725	2.587	0.078
款式选择	性别	1.977	1	1.977	5.174	0.024
	年龄	0.317	4	0.079	0.208	0.934
	性别 * 年龄	0.303	2	0.152	0.397	0.673

续表 5-5

因变量	方差来源	平方和	自由度	均方	F 值	显著水平 Sig.
造型偏向	性别	2.069	1	2.069	1.689	0.195
	年龄	5.310	4	1.328	1.084	0.366
	性别 * 年龄	0.899	2	0.449	0.367	0.694
家具价位选择	性别	0.597	1	0.597	0.492	0.484
	年龄	32.641	4	8.160	6.728	0.000
	性别 * 年龄	1.384	2	0.692	0.571	0.566
材料搭配	性别	0.856	1	0.856	0.217	0.642
	年龄	9.282	4	2.320	0.587	0.672
	性别 * 年龄	6.248	2	3.124	0.791	0.455
家具风格	性别	0.013	1	0.013	0.014	0.907
	年龄	8.408	4	2.102	2.121	0.080
	性别 * 年龄	4.702	2	2.351	2.372	0.096
家具颜色	性别	0.001	1	0.001	0.000	0.986
	年龄	23.570	4	5.893	1.392	0.239
	性别 * 年龄	7.778	2	3.889	0.919	0.401

2. 不同职业和月收入对中式家具需求的影响(双因素方差分析)

从双因素方差分析表(表 5-6)中可以分析出：

(1)雕花工艺。a　R Squared = 0.354 (调整后的 R 平方 = 0.031)。结论:在显著性水平 a=0.05 的条件下,均无显著差异。

(2)款式选择。a　R Squared = 0.346 (调整后的 R 平方 = 0.018)。结论:在显著性水平 a=0.05 的条件下,均无显著差异。

(3)造型偏向。a　R Squared = 0.297 (调整后的 R 平方 = -0.055)。结论:在显著性水平 a=0.05 的条件下,均无显著差异。

(4)价位选择。a　R Squared = 0.490 (调整后的 R 平方 = 0.235)。结论:在显著性水平 a=0.05 的条件下,Sig. =0.000<0.05,月收入对价位选择有显著差异。

(5)材料搭配。a　R Squared = 0.301 (调整后的 R 平方 = -0.049)。结论:在显著性水平 a=0.05 的条件下,均无显著差异。

(6)家具风格。a R Squared = 0.379(调整后的 R 平方 = 0.069)。结论:在显著性水平 a=0.05 的条件下,Sig. = 0.05,职业与月收入共同对家具风格选择有显著差异。

(7)家具颜色。a R Squared = 0.333(调整后的 R 平方 = -0.001)。结论:在显著性水平 a=0.05 的条件下,均无显著差异。

结论分析:企业在开发新款家具时,应根据消费者的实际需求来设计和制造家具。而影响消费者购买需求的原因有很多。经过前期的市场调研和分析发现,在消费者的基本情况中,性别、年龄、职业和月收入对家具需求的影响比较显著。

根据方差分析结果可以得出:①性别对款式选择具显著性差异;②年龄对雕花工艺、造型偏向的选择有显著性差异;③月收入对价位的选择有显著差异;④职业与月收入的交互效应对家具风格的选择有显著差异。

其他对雕花工艺、款式选择、造型偏向、价位选择、材料搭配、家具风格、家具颜色这几项的交互效应均无显著性差异影响。此外通过方差分析发现,文化程度对中式家具雕花工艺、款式选择、造型偏向、价位选择、材料搭配、家具风格这几项需求无显著性差异影响,由于篇幅有限,该表不在文中列出。

表 5-6 主体间效应的检验

因变量	方差来源	平方和	自由度	均方	F 值	显著水平 Sig.
雕花工艺	职业	2.511	11	0.228	0.801	0.639
	月收入	2.175	7	0.311	1.090	0.374
	职业 * 月收入	13.433	42	0.320	1.122	0.309
款式选择	职业	2.853	11	0.259	0.686	0.749
	月收入	0.736	7	0.105	0.278	0.961
	职业 * 月收入	16.052	42	0.382	1.011	0.466
造型偏向	职业	21.915	11	1.992	1.508	0.137
	月收入	6.265	7	0.895	0.678	0.691
	职业 * 月收入	34.143	42	0.813	0.615	0.963
家具价位选择	职业	10.791	11	0.981	0.933	0.512
	月收入	41.348	7	5.907	5.617	0.000
	职业 * 月收入	45.991	42	1.095	1.041	0.421

续表 5-6

因变量	方差来源	平方和	自由度	均方	F 值	显著水平 Sig.
材料搭配	职业	37.662	11	3.424	0.841	0.600
	月收入	25.921	7	3.703	0.909	0.502
	职业 * 月收入	129.578	42	3.085	0.758	0.847
家具风格	职业	4.934	11	0.449	0.471	0.918
	月收入	4.811	7	0.687	0.722	0.653
	职业 * 月收入	59.463	42	1.416	1.488	0.050
家具颜色	职业	66.372	11	6.034	1.413	0.175
	月收入	18.490	7	2.641	0.619	0.740
	职业 * 月收入	167.000	42	3.976	0.931	0.594

3. 对中式家具需求有显著性影响的交叉分析

下面对方差分析后，有显著性差异的因素进行进一步的分析。

(1) 性别与款式选择的交叉分析。从性别与款式选择交叉分析表(表 5-7)可以发现：男性消费者中，选择“大众化口味”的有 13 人，占 7.2%；选择“更具设计性的家具”的有 68 人，占 37.6%；选择“只要好看都能接受”的有 30 人，占 16.6%。女性消费者中，选择“大众化口味”的有 5 人，占 2.8%；选择“更具设计性的家具”的有 33 人，占 18.2%；选择“只要好看都能接受”的有 32 人，占 17.7%。

表 5-7　性别与款式选择交叉分析　　单位：%

性别		款式选择			总数
		大众化口味	更具设计性的家具	只要好看都能接受	
男	计数	13	68	30	111
	计数	7.2%	37.6%	16.6%	61.3%
女	计数	5	33	32	70
	计数	2.8%	18.2%	17.7%	38.7%
总数	计数	18	101	62	181
	计数	9.9%	55.8%	34.3%	100.0%

根据消费者性别与款式选择的关联图(图 5-1)可以发现，大部分男性和女性都喜欢

“更具设计性的家具”。男性消费者注重性能和使用,购买目标明确。比较之下,女性消费者更为感性,选择“只要好看都能接受”的人也比较多。在“大众化口味”的选择上,女性消费者显然要比男性消费者挑剔,更注重外观,挑选细致。因此,在设计女性用的家具,如梳妆台、梳妆凳等家具上,除了要注重功能,还要注重产品的外观,更注重设计细节,以便得到女性消费者的青睐。

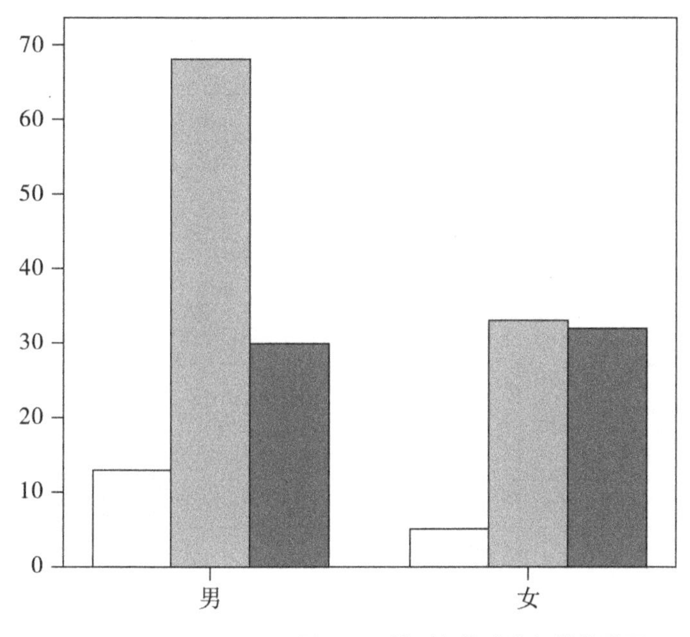

图 5-1　性别与款式选择的关联图

(图片来源:SPSS13.0 自制)

(2)年龄与雕花工艺的交叉分析。根据年龄与雕花工艺的交叉分析表(表 5-8)可以发现:年龄在 30 岁以下的消费者,选择“雕花图案精致越多越好”的有 15 人,占 8.3%;选择“局部雕刻点缀即可”的有 71 人,占 39.2%;选择“不喜欢雕花”的有 11 人,占 6.1%。年龄在 30~40 岁的消费者,选择“雕花图案精致越多越好”的有 4 人,占 2.2%;选择“局部雕刻点缀即可”的有 41 人,占 22.7%;选择“不喜欢雕花”的有 12 人,占 6.6%;年龄在 40~50 岁的消费者,选择“雕花图案精致越多越好”的有 5 人,占 2.8%;选择“局部雕刻点缀即可”的有 14 人,占 7.7%;选择“不喜欢雕花”的有 5 人,占 2.8%。年龄在 50 岁以上的消费者,选择“雕花图案精致越多越好”的有 1 人,占 0.6%;选择“局部雕刻点缀即可”的有 2 人,占 1.1%;选择“不喜欢雕花”的 0 人。

根据消费者年龄与雕花工艺的关联图(图 5-2)可以发现,消费者最喜欢局部雕刻点缀。年龄层次越年轻,越喜欢简洁的雕花工艺。而老年人喜欢“雕花图案精致越多越好”,

拒绝无雕花的红木家具。因此,在设计上,面对年轻的消费层,雕花应以简洁、局部点缀为主。而针对中老年消费者的家具产品,则要求雕花面积要大,且图案精致。

表 5-8　年龄与雕花工艺选择交叉分析　　单位:%

年龄		雕花工艺选择			总数
		雕花图案精致越多越好	局部雕刻点缀	不喜欢雕花	
30 岁以下	计数	15	71	11	97
	计数	8.3%	39.2%	6.1%	53.6%
30 ~ 40 岁	计数	4	41	12	57
	计数	2.2%	22.7%	6.6%	31.5%
40 ~ 50 岁	计数	5	14	5	24
	计数	2.8%	7.7%	2.8%	13.3%
50 ~ 60 岁	计数	0	2	0	2
	计数	0.0%	1.1%	0.0%	1.1%
60 岁以上	计数	1	0	0	1
	计数	0.6%	0.0%	0.0%	0.6%
总数	计数	25	128	28	181
	计数	13.8%	70.7%	15.5%	100.0%

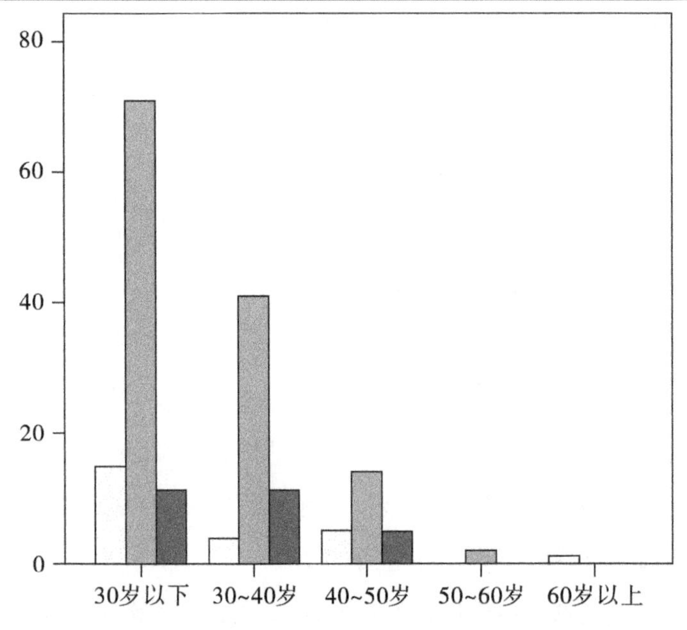

图 5-2　年龄与雕花工艺的关联图

(图片来源:SPSS13.0 自绘)

(3)年龄与家具造型的交叉分析。根据年龄与家具造型的交叉分析表(表5-9)可以发现:年龄在30岁以下的消费者,选择“厚重简洁”的有36人,占19.9%;选择“厚重复杂”的有4人,占2.2%;选择“轻巧简洁”的有54人,占29.8%;选择“轻巧复杂”的有2人,占1.1%。年龄在30~40岁的消费者,选择“厚重简洁”的有20人,占11%;选择“厚重复杂”的有3人,占1.7%;选择“轻巧简洁”的有26人,占14.4%;选择“轻巧复杂”的有3人,占1.7%。年龄在40~50岁的消费者,选择“厚重简洁”的有11人,占6.1%;选择“厚重复杂”的有2人,占1.1%。选择“轻巧简洁”的有1人,占0.6%;选择“轻巧复杂”的0人。年龄在50岁以上的消费者,选择“厚重简洁”的有1人,占0.6%;选择“厚重复杂”的有2人,占1.2%;选择“轻巧简洁”和“轻巧复杂”为0人。

表5-9　年龄与造型偏向交叉分析

年龄		造型偏向					总数
		厚重简洁	厚重复杂	轻巧简洁	轻巧复杂	其他	
30岁以下	计数	36	4	54	1	2	97
	计数	19.9%	2.2%	29.8%	0.6%	1.1%	53.6%
30~40岁	计数	20	3	26	3	5	57
	计数	11.0%	1.7%	14.4%	1.7%	2.8%	31.5%
40~50岁	计数	11	2	10	1	0	24
	计数	6.1%	1.1%	5.5%	0.6%	0.0%	13.3%
50~60岁	计数	1	1	0	0	0	2
	计数	0.6%	0.6%	0.0%	0.0%	0.0%	1.1%
60岁以上	计数	0	1	0	0	0	1
	计数	0.0%	0.6%	0.0%	0.0%	0.0%	0.6%
总数	计数	68	11	90	5	7	181
	计数	37.6%	6.1%	49.7%	2.8%	3.9%	100.0%

根据消费者年龄与家具造型的关联图(图5-3)可以发现,年龄层次越年轻,越喜欢简洁的家具造型。年龄在30岁以下的消费者最喜欢“轻巧简洁”的家具产品,其次是“厚重简洁”的家具产品,对于复杂的家具产品则不太喜欢。中年消费者偏向于选择“厚重简洁”的家具产品,其次是“轻巧简洁”的家具产品。而老年人喜欢“厚重”的家具产品,认为轻巧的家具不实用,无论是对于轻巧简洁还是轻巧复杂的家具都比较排斥。

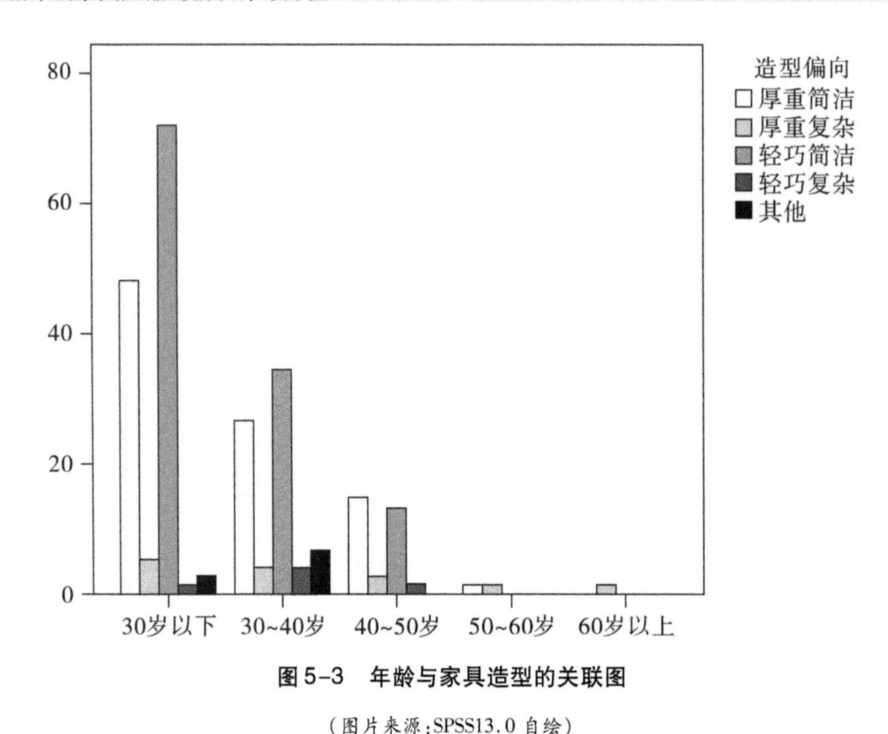

图 5-3　年龄与家具造型的关联图

（图片来源：SPSS13.0 自绘）

因此，在设计上，面对年轻和中年的消费层，造型整体上应以“简洁轻巧”和“简洁厚重”为主。而针对中老年消费者的家具产品，则要求以厚重为主。

（4）收入与价位的交叉分析。从消费者收入与价位的交叉分析表（表 5-10）和收入与价位的关联图（图 5-4）可以发现：不同的收入群体，低收入人群购买家具主要注意物美价廉，求廉、求实，对价格关注较多，特别是月薪在 2000 元以下的消费者，基本上不会选 5 万元以上的红木家具。他们的承受范围在 2 万元以内。中等收入阶层购买家具上升一个档次，会选择 5 万元以内的家具产品，注重家具的性价比。高收入的人群有着更高的消费能力，有求名、求新等消费特点，注重档次与品牌。自己使用时，一般不会选择 2 万元以下的产品，家具价位选择在 3 万 ~20 万元。极个别高收入消费者会选择 20 万元以上的家具产品作为收藏之用。在表中看到一位月薪低于 2000 元的消费者选择 20 万元以上的家具，经调查发现，这位消费者处于研究生在读，是潜在的高消费人群。因此，企业除了锁定目标消费者外，也要注意挖掘潜在消费者。

表 5-10　收入与能承受的一套红木家具的价位交叉分析

收入		能承受的一套红木家具的价位						总数
		1 万元以下	1 万～2 万元	3 万～5 万元	5 万～10 万元	10 万～20 万元	20 万元以上	
2000 元以下	计数	10	13	4	0	0	1	28
	计数	5.5%	7.2%	2.3%	0.0%	0.0%	0.6%	15.4%
2000～3000 元	计数	12	18	11	2	2	0	45
	计数	6.6%	9.9%	6.1%	1.1%	1.1%	0.0%	24.9%
3000～5000 元	计数	13	20	8	0	1	0	42
	计数	7.2%	11.0%	4.4%	0.0%	0.6%	0.0%	23.2%
5000～10000 元	计数	4	12	4	1	2	1	24
	计数	2.2%	6.6%	2.2%	0.6%	1.1%	0.6%	13.3%
1 万～3 万元	计数	1	6	13	5	0	0	25
	计数	0.6%	3.3%	7.2%	2.8%	0.0%	0.0%	13.8%
3 万元以上	计数	1	0	5	5	5	1	17
	计数	0.6%	0.0%	2.8%	2.8%	2.8%	0.6%	9.4%
合计	计数	41	69	45	13	10	3	181
	计数	22.7%	38.1%	24.9%	7.2%	5.5%	1.7%	100%

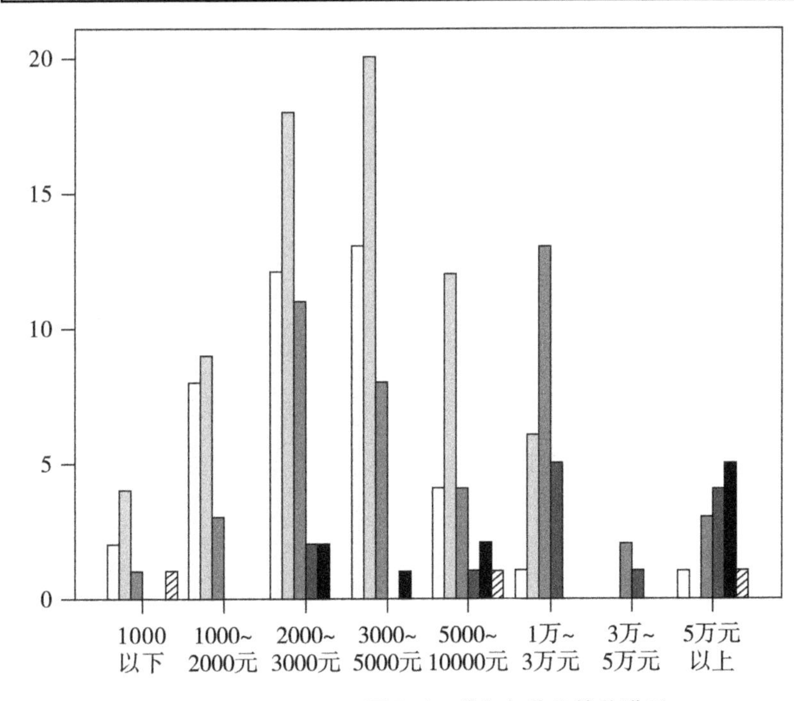

图 5-4　收入与价位的关联图

（图片来源：SPSS13.0 自绘）

(5) 收入、职业对家具风格的交叉分析。从消费者职业与家具风格的关联分析,如图5-5所示。低收入消费者喜欢现价比高的家具。大部分消费者更喜欢现代和新中式风格的家具风格,外资企业员工尤其喜欢新中式家具。此外高收入消费者还喜欢具有收藏价值的明清家具。

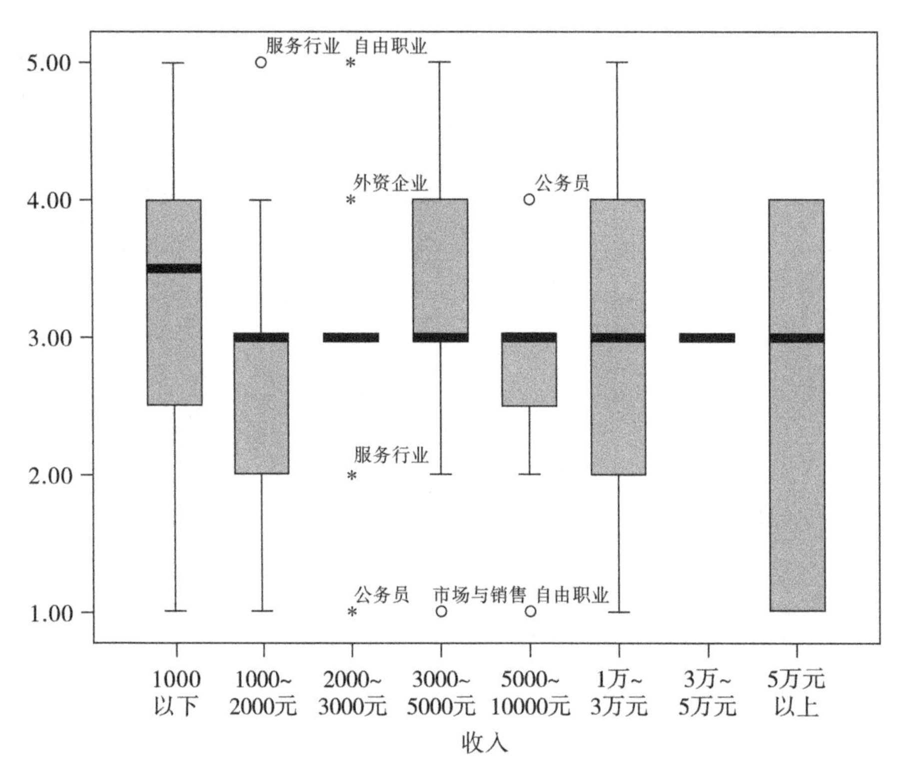

图5-5 收入、职业与家具风格选择的箱型图

(图片来源:SPSS13.0 自绘)

第二节 红木家具设计创新开发探讨

一、家具可持续发展理念

家具工业在原材料供应、生产方式和市场配置等方面都正在形成国际化的发展趋势,导致市场竞争激烈。我国家具市场面临两个国际化的问题,风险和机遇并存。一是

国内产品的国际化,二是国内市场的国际化。新中式家具的研究应从文化的角度出发,深层次地、全面地分析中国传统家具的设计思想,并提炼出其精髓要素。结合现代文化的发展以及社会现状,从而建立有中国特色的家具设计的思想体系。家具设计应该注意以下几点。

(1)主张绿色生活方式,倡导低碳、绿色设计。主张绿色生活方式,就要树立“绿色消费”意识,崇尚自然、追求健康,在追求生活舒适的同时,注重环境保护、节约资源和能源,实现可持续消费。

绿色消费,不仅包括绿色产品,还包括物资的回收利用,能源的有效使用,对生存环境、物种的保护等,可以说涵盖生产行为、消费行为的方方面面。概括起来为5R:节约资源,减少污染(reduce);绿色生活,环保选购(reevaluate);重复使用,多次利用(reuse);分类回收,循环再生(recycle);保护自然,万物共存(rescue)等方面。

据统计,现代木质家具约占整个家具市场的60%,低碳、绿色环保家具成为家具开发的重点。低碳经济包括环保、节能、节约资源、技术创新。在当今提倡环保、简约的社会背景下,绿色设计着眼于人与自然的生态平衡关系。在设计领域,深刻地影响着从设计手段到艺术内涵等层面。可持续发展的绿色设计观要求家具产品设计要综合考虑工艺、造型、材料、环境、消费心理等各种因素,以环境亲和性、使用合理性、消费者心理的满足性为开发重点。

(2)坚持“以人为本”的设计理念。艺术设计,作为可持续性发展的人类生活方式的创造活动,满足了人们对物质与精神的双重需求,设计的发展趋势影响和承担着人类延续和文明进程的文化功能。设计是对不同文化的传承,应从以人为本的哲学思想、人性化设计、人体工效学原理的运用与分析、装饰中的情感因素等方面入手。把需求放在第一位,家具功能设计上要尽量科学化地考虑到实用性、安全性、环保性。体现“以人为本”的设计理念,强化个人化和个性化的“人性”设计。为红木古典家具提升行业产业链的价值,促进中式室内设计行业可持续发展创造新的商机。

(3)科学定位产品,正确引导消费观念。生活方式的改变,现代技术手段的发展与文化多元发展的格局,意味着设计也处在不断的变革中。要使新中式家具风格形成不是一朝一夕的事,它是一个系统工程,需要设计界、学术界、商界等社会各界的共同努力。强化科学和技术的文化功能,倡导科学方法。结合科技实力做产品定位,才能在竞争中处于不败之势。

中式家具的发展离不开社会基础,家具作为一种商品,它的最终目标就是得到市场的认可,即得到消费者的认同。开发新中式风格家具首先要做的是广泛宣传和倡导民族风格,逐步引导消费者建立“本土化、民族化、品牌化”的消费观念。

倡导绿色消费,实践环境生活方式,走生产发展、生活提高、环境保护之路。促使人们改变传统的生活与消费方式,选择绿色消费方式,提高生活质量。现代设计是一种文化意义的载体,体现影响全球的可持续发展观的特征,“绿色设计”和“人性化设计”等理念已经成为现实文明和未来发展的方向。在设计的系统基础上实现了“人—自然—社会”协调统一,设计与文化的有机融合,体现了以人为本的新中式家具创新与可持续发展观。

二、家具创新与创新原理的应用

1. 创新

企业要创新,要提高自己的竞争能力,在质量、品牌、价格、服务这四个方面做好功课。要树立品牌的形象,包括实力、质量、服务、宣传,用设计打造品牌特色。

中国有着几千年的家具传统文化,传统文化的积淀就是我们设计的思维源泉。中国传统文化是以含蓄美、模糊性为其特性的。明式家具艺术风格实质包括了中国文人的尚古情绪和对中国文化本体加以说明与肯定的期望。整体思维方式使我们无论是从深度到广度、微观到宏观、时间到空间都对明清家具有了更深的认识。现代之所以鲜见对明清家具富有新意的创造性应用和发展,原因正是在于没有将室内环境的时代特征变化和明清家具的演变综合起来思考,缺少这种整体思维方式。

“传统”与“现代”是相互对应又密切关联的一组概念。传统与现代是社会发展过程中的两种形态,两者并非截然分开,相互独立,而是彼此传承与交融的一系列过程。变迁促使传统向现代转化,经过一段时间的沉淀,现代又转变成新的传统,这是一个不断变化的过程。实用为本,技术与艺术并重是中国传统家具的本分。要以传统造型和做法为主,在继承传统基础上发展创新各类家具。简言之,就是将传统习惯与现实生活融合,实现中国传统家具的现代化。

一种民族风格的体现,一种民族文化的流露,都不是形象之外另附加的东西,或者是表面的现象,而是产品的特殊形象自然流露出来的一种风采、格调。新中式家具应从现代设计的基本方法入手,对中国传统家具的造型元素加以抽象和简化,并采用构成的方法进行设计。这种现代设计是有别于传统文化,又不失传统文化的现代设计。

2. 创新原理的运用

创新目前有多种通用的方法,可以用来在无须特殊培训的情况下寻求技术方案,如头脑风暴法。然而,这些方法明显缺乏系统化,往往耗时而且不可靠,不能保证所有通向最佳技术方案的途径均已被探索到。利用 TRIZ(发明问题解决理论)理论,创造原理对比、查找给出参考方案,供类比创作,找出属于自己的创新解决方案。解决本领域技术问题的最有效的原理与方法,往往来自其他领域的科学知识。

家具设计的创新利用到了以下几种资源:①功能资源,即利用系统组建产生新功能。如:沙发的功能有坐、卧、休闲等。②空间资源,即充分利用系统周围可用的闲置空间,内外、上下、正反、组件之间及未用的空间。如:单层床到双层床、平房变高楼的转变。③现成空间资源。如:楼梯踏步内储藏物品;桌子转角做成 L 形的抽屉,便于存放物品,把洗衣机和洗脸盆组合节约了空间资源,也节省了物质资源。

TRIZ 将资源合理地分成六大块(表 5-11),其创新方法为中式家具的设计提供了新思路、新方法。

表 5-11　资源的分类

序号	类型	意义
1	物质资源	系统内及超系统的任何材料或物质
2	能量资源	系统内或超系统中的任何可用的场或能量流
3	信息资源	系统中积累的任何知识、信息、技能
4	时间资源	在系统的各种流操作过程中,利用一些时间提供有用作用
5	空间资源	系统及周围可用的闲置空间
6	功能资源	利用系统已有组建,产生新功能

三、新中式家具创新设计探讨

针对消费者的问卷结果,笔者认为应该细分市场,发掘市场潜在的客户群,制定适应特定人群所需的家具。这就要求把握市场、注重设计细节。一些国内家具企业仍然缺乏对消费者动态需求的把握,只是凭简单的模仿,跟在别人后面设计、生产家具,凭个人的经验和感觉揣测消费者心理,导致家具产品的市场定位不准,产品开发思路不够清晰。

对于新中式家具的设计创新，笔者主要从造型、装饰题材、尺寸、功能、材料、生产工艺和结构等方面作为切入点。

（1）家具造型设计。调查时发现，企业不注重新产品的开发，70%以上企业对热卖的款式抄袭严重，或者只做一些小改动，使产品缺少特色。很少有企业去关心消费者的需求，开发符合现代人生活的新产品。新中式家具在造型设计上应遵循现代人“简约而不简单”的生活理念，设计中注重传统元素的融入，传递中国文化。具有中国符号是创新现代中式家具的设计诱因。能使家具同时满足功能、精神、审美等需求。

（2）家具装饰题材。装饰本身就是形象的视觉艺术，装饰承载着家具的人文特性。如富有吉祥寓意的中国传统纹样，常雕刻有动物、植物、人物、山水等图案，本身就具有很强的装饰性。在设计上应勇于摒弃传统的烦琐图案，传承它们的精华部分，将传统元素进行提取、重组、简化与加工。

（3）家具尺寸设计。模块化、标准化设计，如图5-6，图5-7所示，批量化生产，使家具具有延续性。现代人的住宅多以商品房为主，与传统的住宅空间形制相比，发生很大改变，传统大体量的中式家具也应该随着现代住宅空间的改变而改变。根据现有商品房的面积情况，控制好家具的体积，使家具尺寸更符合现代室内空间，具有“宜家”性。此外，应便于储存和运输。如：中式家具在运输过程中要考虑进户电梯空间尺寸、走道的空间尺寸等。

图5-6 家具部件的模块化生产

（图片来源：摄于广东中山大涌镇红木家具厂）

图5-7 批量生产的餐椅半成品

（图片来源：摄于广东中山大涌镇红木家具厂）

（4）家具功能创新。新中式家具设计的目的是更好地提高人们的居住生活质量，家具产品设计上应该遵循SHCB的顺序性定位原则，即安全（safety）、健康（health）、舒适（comfort）、美观（beauty）。家具的发展主要是根据人们起居方式的变化而向前发展。功能上，要适应现代生活方式与室内空间形制的变化，设计符合人体工程学的家具产品。

在舒适性方面，可选用海绵、布艺、皮草等软包材料来进行配套设计。在具有舒适性的基础上，适当增加中式家具功能。如增加贮藏功能或按摩保健功能，满足现代人的生活需要。

(5)家具材料运用。在用材上，应从设计、选材、购材、用材、结构、工艺、外观、尺寸、稳定性、强度等方面进行系统的考虑。提高材料高效利用以及复合利用的能力。在材料的创新运用上，笔者总结出以下三点。

第一，红木材料的创新运用。在设计上，可利用不同木材材种之间的结合，混搭配色。此外，设计时合理利用红木的边材和心材。注重木材心材的比例以及家具本身的美感。同款造型通过材料的巧妙变换，往往会呈现其乐无穷的韵味。

第二，新型木材的运用。“新木新做”，新材料的不断出现，促使新中式家具在结构和工艺方面不断创新，装饰的手法也更富有选择性。

第三，其他材料的创新运用。可综合利用玻璃、石材、金属、塑料等传统材料或运用新型环保材料，将国家提倡的“低碳、节能”运用到家具中，这不仅可以降低成本，为家具企业带来更多的利润，材料的多元化也让消费者有耳目一新的感觉。

(6)家具生产工艺与结构创新。在木材干燥工序上，利用现代配套的木材烘干设备，保证木材达到合理的含水率，使制作的家具得到质量保证。备料工序、雕刻工序，如图 5-8、图 5-9 所示；将传统手工工艺与现代工艺相结合，如图 5-10、图 5-11 所示。加紧家具设计软件的开发，合理利用网络，加强 CAD、3DMAX、JDPINT 等现有电脑软件及数控设备在红木家具制造业的应用。结合现代化的生产方式，批量机械化加工，科学生产，以便提高生产效率，降低能耗。在结构设计上可以融入现代的力学理念与方法，使结构更合理，家具受力更均匀。最好能做到装配简单，拆装容易。

(7)科技推动家具创新。科技的发展给家具的设计创新带来新的方向。据英国《新科学家》周刊近期报道，以色列研发了 3D 打印木结构技术，将木屑制成 3D 打印墨水，先制成平板，干燥后可弯曲成形。这一技术未来可用于制造家具或建材。此外，家居的智能化正在逐渐地改变人们的生活方式。这在一定程度上也影响着家具的创新发展。

(8)家具设计与室内设计一体化。消费者购买家具的方式主要是到家具卖场挑选，以这种传统的购买方式为主的占 39%。此外根据房型，按自己的需求订购的占 21%。按照设计师的意思挑选占 6%，其实在消费者的经济状况宽裕的情况下，消费者更多愿意听设计师的建议。网购红木家具的占 3%，现代生活节奏加快，网络购物方式逐渐成为新的

购物方式。

图 5-8　精雕模板

（图片来源：摄于广东中山红木家具厂）

图 5-9　精雕工艺

（图片来源：摄于广东中山红木家具厂）

图 5-10　批量生产的精雕半成品

（图片来源：摄于广东中山红木家具厂）

图 5-11　精雕工艺与手工艺结合

（图片来源：摄于广东中山红木家具厂）

目前的销售模式基本上以传统的线下专卖店为主。对于红木家具这样的大宗商品，通过线上方式进行网络销售，可以大大节约人力、租金成本。不少商家开始尝试线上个性化定制+线下结合的模式，取得一定的销售量。建议打造“宜家型”概念样板房模式，使家具与室内空间具有配套性。可将卖场划分为不同的展示区，家具与室内装修风格统一起来。设计符合不同年龄层次的家居风格，让消费者真正体会到什么是“宜家”的新中式家具。针对不同的消费者，提供不同的家装方案，注重家具尺寸与室内空间尺寸的对接细节，打造“一站式服务”的设计理念，形成独特的品牌风格。

本章通过对红木中式家具市场消费者问卷调查分析，总结红木家具消费者的总体特

征,得出以下结论:在价格、品牌质量、舒适度、风格、造型、款式、色彩、雕花工艺、功能、材料等和家具相关的调查中,消费者最关心的是价格、品牌质量、风格、舒适度,其次是材料、颜色、环保性、功能、款式、雕花工艺这几个方面。

此外重点分析红木家具目标消费者的特征。通过对红木中式家具专卖店消费者问卷调查分析,得出以下结论:性别、年龄、职业和月收入这几个因素对家具需求的影响比较显著。

(1)性别对款式选择具显著性差异。总的来看,大部分男性和女性都喜欢"更具设计性的家具"。男性消费者注重性能和使用,购买目标明确。比较之下,女性消费者更为感性,选择"只要好看都能接受"的人也比较多。在"大众化口味"的选择上,女性消费者显然要比男性消费者挑剔。

(2)年龄对雕花工艺、造型偏向的选择有显著性差异。总的来看,消费者最喜欢局部雕刻点缀。年龄层次越年轻,越喜欢简洁的雕花工艺。而老年人认为"雕花图案越多越好",拒绝无雕花的红木家具。因此,要针对不同年龄层次来设计。

根据消费者年龄对家具造型选择的影响可以发现。总的来看,年龄层次越年轻,越喜欢简洁的家具造型。年轻人喜欢"轻巧简洁"的家具产品,中年消费者偏向选择"厚重简洁"的家具产品,而老年人喜欢"厚重"的家具产品。

(3)月收入对价位的选择有显著差异。低收入人群购买家具主要注意物美价廉,求廉、求实,对价格关注较多。中等收入阶层购买家具上升一个档次,会选择5万元以内的家具产品,注重家具的性价比。高收入的人群有着更高的消费能力,有求名、求新等消费特点,注重档次与品牌,会选择高价位的家具产品作为收藏之用。

(4)职业与月收入的交互效应对家具风格的选择有显著差异。通过对中式红木家具消费心理的调查,分析家具设计前期的心理评价,使得家具设计定位明确,为新中式家具设计打下良好的基础,降低了设计的风险。

新中式家具的发展与变革要符合时代语境,符合现代人的需求。从家具造型设计、家具装饰题材、家具尺寸设计、家具功能创新、家具材料运用、家具生产工艺与结构创新、科技推动家具创新、家具设计与室内设计一体化等方面作为切入点,进一步探讨设计的内涵和外延,实现以人为本的新中式家具创新与可持续发展。

第六章 新中式家具产品创新开发与实践

第一节 “南京非遗”文化视域下的家具产品创新开发

非物质文化遗产作为我国几千年文明长河中孕育出来的民族特色文化，是中华文化的精髓所在。非物质文化遗产，简称“非遗”，主要包括以下几个方面：①口头传统和表现形式；②表演艺术；③社会实践、仪式、节庆活动；④有关自然界和宇宙的知识和实践；⑤传统手工艺。

非物质文化遗产是南京历史文脉中不可分割的一部分，是民族文化的精华，具有不可替代的研究与利用价值。然而，在社会转型和经济转轨的新形势下，“南京非遗”文化受到外来文化和现代文化的冲击和挑战，其生存环境受到威胁，因此，合理地开发与传承“南京非遗”文化资源成为必然趋势。本节将剖析南京非物质文化遗产文化符号，从“南京非遗”文化中提炼出家具造型与装饰设计的视觉文化因子，探讨家具产品的创新设计理念与应用，以期为家具产品的开发提供可借鉴的思路与方法。

一、家具产品开发的现状与问题

近年来，中国家具产业发展日具规模，增长加速。家具产业在快速市场化的进程中，存在产品单一、供需矛盾和恶性竞争等问题。具体表现在设计力量薄弱、缺乏设计创意、创新产品少、产品档次低、仿制普遍、缺少自主品牌等方面。这些问题严重影响了家具产业的可持续发展。家具直接与人发生关系，人们在选购心仪的家具时都会根据自身的审

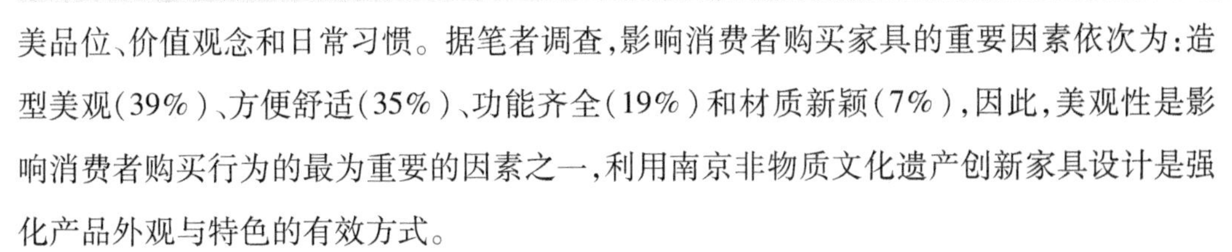

美品位、价值观念和日常习惯。据笔者调查，影响消费者购买家具的重要因素依次为：造型美观(39%)、方便舒适(35%)、功能齐全(19%)和材质新颖(7%)，因此，美观性是影响消费者购买行为的最为重要的因素之一，利用南京非物质文化遗产创新家具设计是强化产品外观与特色的有效方式。

二、“南京非遗”文化符号分析

1.南京非物质文化遗产资源

南京素有“六朝古都”之美誉，南京人民在长期生产生活实践中创造了丰富多彩的非物质文化遗产。南京现有的非物质文化可细分为民间文学类、传统音乐类、传统舞蹈类、传统戏剧类、曲艺类、传统体育和游艺与杂记类、传统医药类、民俗类、传统技艺类、传统美术类10类，共计85项内容，见表6-1。

表6-1　南京非物质文化遗产资源

内容	序号	类别
1	民间文学类	董永传说、项羽与浦口的历史传说、长芦民间传说、卞和献玉传说、崔致远与双女坟的故事、脱尾龙传说、伍子胥和浣纱女的故事
2	传统音乐类	古琴艺术、金陵琴派、留左吹打乐、六合民歌《鲜花调》、高淳民歌、马铺锣鼓
3	传统舞蹈类	东坝大马灯、骆山大龙、江浦手狮、麻雀蹦、跳五猖、栖霞龙舞、打社火、跳当当，铜山高台狮子舞、长芦抬龙、骨牌灯、砖墙打罗汉、龙吟车、沛桥踩高跷等
4	传统戏剧类	皮影戏、洪山戏、阳腔目连戏
5	曲艺类	送麒麟、打五件、南京白话、送春、南京评话、南京白局
6	传统体育和游艺与杂记类	殷巷石锁、六月六龙舟竞渡、抖空竹
7	传统医药类	灵芝传统知识及应用、高淳梁氏骨科、张简斋国医医术
8	民俗类	秦淮灯会、妈祖庙会、雨花石鉴赏习俗、夫子庙花鸟鱼虫市、南京老地名等
9	传统技艺类	明觉铁画锻制技艺、窦村石刻技艺、方山裱画技艺、金陵折扇制作技艺、绒花制作技艺，金银细工制作技艺、金陵刻经印刷技艺、南京金简锻制技艺、南京云锦木机妆花手工织造技艺等
10	传统美术类	南京瓷刻、戏剧脸谱、南京微雕、周岗红木雕刻、金陵竹刻、南京仿古木雕、南京仿古牙雕、十竹斋恒彩拱花技艺、秦淮灯彩、南京剪纸

从历史文化的角度看,“南京非遗”资源在历史积淀中形成了六朝文化、明文化、民国文化等文化特色。六朝文化的融合形成了特有的民俗文化,具有丰富的“史、情、景”意蕴以及完整的历史延续性。

“南京非遗”资源具有传承性、地域性、无形性与活态性等文化特征。民间舞蹈、民间音乐、传统戏曲、曲艺等表演艺术,以及董永传说、脱尾龙传说、伍子胥和浣纱女的故事等口头传说与表述类,具有突出特色和深厚的历史积淀;在抖空竹、秦淮灯会、雨花石鉴赏习俗等社会风俗、礼仪、节庆,以及瓷刻、剪纸、竹刻、木雕、脸谱等传统美术类方面亦有地域艺术特色。尤以南京云锦、南京绒花、南京金箔等传统技艺类文化最富有代表性。

(1) 南京云锦文化。南京云锦起源于1500多年前的东晋、南朝时期,承袭两汉魏晋的传统,发展和繁荣于元明清时期。“妆花”是云锦织造工艺中最具代表性的提花丝织品种,其工艺复杂。尤其运用夹金织银的工艺,或织入缤纷的孔雀羽绒搓成的丝线,可谓“寸锦寸金”。由于用料考究,织工精细,图案色彩典雅富丽,灿若云霞,故称“云锦”。南京云锦具有内容美、构成美、色泽美、材质美和织造美等特色,有深厚的文化内涵。将南京云锦运用到家具设计中,能够迅速引起消费者的共鸣,刺激消费需求。

(2) 南京绒花文化。南京绒花是以蚕丝染色成绒,再用钢丝勾条制成的传统手工艺品。绒花工艺相传始于唐代,唐代仕女喜欢在髻上根据时令簪戴各种花枝。由于鲜花受时令所限,不容易装卸和保存,南京绒花应运而生。南京绒花的题材和种类丰富,其造型和内容多选用民间祥瑞,喜庆题材。绒花谐音“荣华”,表达了中国吉祥文化“福、禄、寿、喜”等核心主题的设计思想,具有鲜明的文化底蕴。绒花图案充满祥瑞、祈愿的感情元素,典藏吉祥如意的民族文化。将绒花图案运用到家具产品设计中,可以体现现代人对祥和、幸福的追求,具有现实意义。

(3) 南京金箔文化。早在东吴或东晋时期,金箔即被用于佛像、神像贴金以及建筑业。南京金箔生产工艺独特,经过倒条、下条、拍叶、做捻子、沾捻子、打开子、装家生、打了戏、出具、切箔等十几道工序锤炼而成。南京金箔用途广泛,中国传统婚庆中的“十里红妆”家具,常以朱漆髹底,将金箔装饰在家具表面作为点缀。“一两黄金三两朱”体现了婚嫁家具装饰的喜庆氛围。将金箔文化渗入现代家具产品设计中,可以表达现代人的审美情趣与价值取向。

(4) 金陵刻经文化。唐代末年,始有雕版印刷佛经出现。宋代开始大量运用雕版印刷佛经。清同治五年创办了金陵刻经处,传承了我国佛教文化及古代佛经、佛像木刻雕

版印刷技艺。金陵刻经处共计收藏经版12.5万余块，是全国佛典图像刻版的总汇，被誉为“活的古代印刷博物馆”。金陵刻经选本又称“金陵本”，尤其以光绪年间雕刻的“慈悲观音像”“灵山法会图”等18幅佛像版艺术价值最高，为版画艺术和文物之珍品。清中后期的传统家具，常以“金陵本”中印刷的图案为原型，以描漆或螺钿等工艺装饰于家具表面。

2.“南京非遗”视觉文化因子的凝练

(1)形与色的因子提取。“道器结合”是中国文化的精髓，形而上者谓之道，形而下者谓之器。中国自儒家思想被确立为主流思想以来，一直存在“有形”与“无形”之间的辩论，自明代以后演化为“道”(指伦理纲常)和“器”(指西方科学技术)之间的辩论。明式家具的实体层面的器和从精神层面的道，两方面组成了明式家具艺术风格的本真内涵。明式家具蕴含自然之道、器物之道和人文之道的性质。“无其器则无其道”。运用“以道融器”理念，从家具产品的有形价值上去推定其直观表象的内涵与外延，这既有利于传承传统文化，又能结合现代潮流元素进行创新。

新中式家具在设计上追求“形缘求美”。可从传统音乐类、传统舞蹈类、传统戏剧类、曲艺类等造型艺术、表演艺术和民族特色中挖掘“南京非遗”资源的形态因素，通过造型的加工提炼，结合不同材料、工艺进行再设计，构建出具有南京地域归属感的家具产品形态。

在色彩装饰上，南京云锦运用“色晕”技法，层层推出主花。色彩变化丰富，配色多达18种，形成了规律性的典型套色。南京绒花的题材丰富，色彩以红色系为主，中绿为辅，以黄点缀，对比强烈。可提炼其色彩因素，开发系列化的家具产品。在家具产品的开发上，运用特有的民族象征色彩，有助于表达色彩情感的内涵和意境，体现产品的文化情怀。

(2) 材与工的借鉴与表达。《考工记》曰:天有时，地有气，材有美，工有巧，合此四者，然后可以为良。因材料的异同，其色泽、纹理、质感、形状等都蕴含着表达情感的设计语言。家具设计可借鉴特色材料与工艺，或混搭材料与工艺，因材取形。如南京云锦材料运用在家具软包上，提升家具产品的档次。南京瓷刻、南京微雕、周岗红木雕刻、金陵竹刻、南京仿古木雕、南京仿古牙雕等传统工艺历史悠久，可以直接运用到家具产品中，极具代表性。新型木基复合材料，具有独特性能，将传统工艺运用其中，不仅能显示不同材质的肌理美，而且能丰富家具的内容与表现形态。

三、“南京非遗”家具设计创新理念

1. 传承性与时代性并存，彰显地域文化内涵

通过挖掘南京的“非遗”文化资源，提取有形或无形的文化符号，观察和研究隐含在传统审美观后的意识和思想，提炼“中国式的传统因子”。依托南京自然资源和人文资源优势来凸显地域文化特色，拓展了家具设计的内涵和外延。只有通过传承与创新，面向消费者需求，强调作品的个性与时代感，才能设计出具有浓郁地域文化特色、鲜明时代特征和富有特色的家具产品。

2. 传承历史文脉，提升家具品牌文化

运用“非遗”文化促进家具品牌文化提升，传承历史文脉，延续古都文化内涵。探求可持续发展的方向，寻找新的设计突破点。家具产品的开发既要保留传统味道，又不能一味地模仿传统，应在体现传统文化精髓和神韵的基础上，贴近现代人的生活方式与审美情调，满足消费者多元化的消费需求。

3. 挖掘社会属性与自然属性，提升资源价值

挖掘“南京非遗”文化中与“史、情、景”相融的社会属性与自然属性相统一的资源价值，发挥创意思维，开发家具产品。一方面满足家具产品地域性、独特性的实用功能需求，另一方面通过产品的图形、色彩等元素传递南京的历史基因和文化脉络。

四、“南京非遗”文化因子在家具产品中的创新应用

1. 因子的置换与重构

设计是具有创造性的活动，是“具体—抽象—具体”的物化过程。置换，是指在中国传统符号与产品形态之间寻找巧妙合理的结合点，从整体或者局部，将中国传统符号独特鲜明的形态重新塑造成符合现代生活方式的家具产品。重构，是指在保留传统家具基本风貌的前提下，依照现代人的审美观念，对其造型进行简化、变异和重组。通过对原形的分解，提取对象最有特征的元素和基因促使新形的产生。董永传说、卞和献玉传说等民间文学和江浦手狮、皮影戏、送麒麟等表演艺术可为家具设计提供丰富的想象空间。可将这些具有无形性和活态性的文化资源，通过置换与重构手法转化为家具的视觉形象。

2. 因子的减法设计

家具的美不单是通过理性、逻辑的方式来表现，它是结构性、空间化的，通过色彩、线条、平面、形式、结构，融合多种符号、语义以感性形象作用于人。依据现代设计理念，对传统色彩、文字、造型等因子运用减法设计。删繁就简，以少胜多，触动受众与之共鸣。运用减法设计，通过对传统图案的提炼，强化其符号性的特征，进而传达出明晰的意义指向。比如，“祥云椅”上的祥云纹样，提取了南京云锦“云龙纹”中象征着祥和如意的“云纹”，运用减法设计的手法，将云纹进行意象化的变形与简化，如图 6-1a 所示，并运用到家具造型的扶手、靠背与花牙子等装饰部位中，使家具产品呈现出传统风貌与现代设计手法相结合的效果，如图 6-1b 所示。

此外，家具产品也可以采用减法设计进行工艺制作。传统的雕刻技艺虽然美观，却耗时费工。在制作流程上，采用现代的工艺手法，如运用 JDpaint 精雕软件以及精雕 CNC 数控雕刻系统和设备，对家具产品进行智能雕刻，将部件加工成半成品或成品。同时，在家具复杂和重点的部位，融合“南京非遗”文化中的周岗红木雕刻、金陵竹刻、南京仿古木雕、南京仿古牙雕等传统技艺，使家具产品在工艺上进行古今交融，减少加工时间的同时，大大提升成品制作的效率与质量。

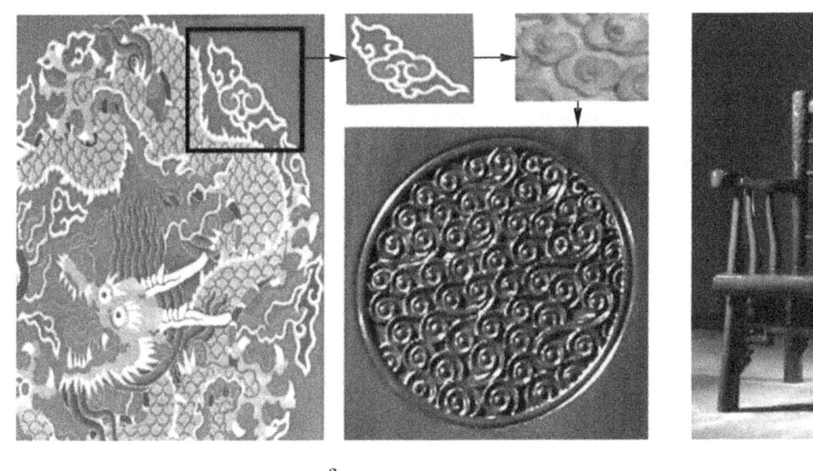

a

b

图 6-1　“云纹”的减法设计

（图片来源：a 摄于南京云锦博物馆，b 摄于太兴家具有限公司）

3. 因子的借鉴与互融

互融是将不同性质或门类的造型元素糅和在一起，然后进行重组的方法。兼收并

蓄，融会贯通，寻找传统与现代的契合点，才能打造出符合新时代的民族形式。它既可以是中外的互融，也可以是古今的互融。将“非遗”文化因子通过“视觉—心理—情感”这一认知过程的转化和运用，完成家具产品与受众间的互动与交流。以红古轩红木家具“云龙”沙发为例，如图6-2所示，沙发整体造型流畅，尤其是靠背上借鉴了传统书画“卷轴”的原型，细节上采用了简化的云纹作为装饰，运用组合的方法创作图案，并有机融合，通过传统红木材质体现出家具独有的美学特征和文化内涵。

图6-2 “云龙”沙发

（图片来源：红古轩家具有限公司官网产品）

针对现阶段消费者的需求，把握“南京非遗”资源的文化符号。从现代审美与民族文化的视域下，提炼出形与色、材与工的视觉文化因子。通过物化和意化实现“南京非遗”文化特色，从而构建具有南京地域归属感的家具产品形态。当代家具设计是民族文化与现代审美的构建过程，应着重凸显民族性、地域性、审美性、文化性等特征。提出传承性与时代性并存，彰显地域文化内涵；传承历史文脉，提升家具品牌文化；挖掘社会属性与自然属性，提升资源价值等“南京非遗”资源在家具设计中的创新设计理念。提出因子的减法设计、因子的置换与重构、因子的借鉴与互融等创新设计方法，并分析其在家具设计中的具体应用。为现代家具产品的开发提供可借鉴的思路与方法，促进家具产业的可持续发展。

第二节　基于“非遗”文化的椅类家具产品创新设计

椅子融合劳作与休息的功能，其风格确定之后，整个家居的格调便会随之产生。然而在现代，对于绝大多数机械批量生产的椅子来说，其中的文化因素趋于平淡，更加侧重强调椅子的实用功能，强调研究其中的物质舒适性和商业价值，忽略其文化作用。

针对“非遗”文化进行深入探讨，提取典型的“非遗”元素融入椅类家具产品之中，将设计具体落实在对“非遗”元素的拆解与组合上，使这些要素具有为人们接受的特定的审美意义。运用对比与调和、比例与尺度、变化与统一、节奏与韵律、对称与均衡等具体造型法则进行设计，将非遗文化更好地传承与发展。

一、现代椅类家具设计案例

“椅”是一种有靠背、有扶手的坐具，能让人持续进行创作和休息，且方便人站起来。而现代椅的定义不仅局限于“坐”这一单一功能，同时也追求美观时尚，并被赋予更多创新点。1851 年英国水晶宫博览会召开以后，激发了人们对于家具产品形式与功能之间关系的再思考。于是更具特色与实用价值的现代椅形式逐渐多元化，包括新型材料的运用、传统技艺的结合、科技手段的加持等等。

“飘”（Paper Chair），是设计师张雷的作品，其将宣纸创新运用在椅子设计上，使用天然胶水粘接，一层层地糊在伞骨上，其中运用余杭纸伞的传统技艺。设计师运用宣纸的细腻质感以及韧性，使其既具备温暖的触感，同时兼具良好的支持力。在设计之初，设计师曾担忧宣纸的承受力过小，无法支撑人的重量，但是经过实验发现，薄薄的宣纸经过层层叠加，其坚固度并不亚于普通座椅，椅子边缘参差不齐的宣纸叠加，体现出一种细腻的柔触感。

重新认识非遗文化，并择优提取特定的文化元素，逐渐成为当下设计作品的热门趋势。设计师翁昕煜的作品“井字椅”就体现出了中国历史非遗文化的精华。设计上借鉴了孔明锁的十字接合结构。设计师朱小杰设计了一款“钱椅”，寓意“取象于钱，外圆内方”，这是一种为人处世的艺术。在整体造型上表现出一种形而上学的思想，体现出明式

圈椅的精髓。纤细的实木扶手与金属材料坐面相衬，既有现代简约的设计特点又不失传统韵味。

美籍华人石大宇设计师认为：“好的设计作品应该能够传达出社会责任感，而好的设计师不仅要成为行业的翘楚，更要在行业内有一定的影响力，并推动设计向前发展。”而他设计的“琴剑竹椅”，正体现出他对于社会现状的反思。椅子的原料是选自中国台湾南投县竹山镇的孟宗竹及桂竹，而这两种原材曾是日本竹剑生产的原料加工基地，曾风行一时。后来由于传统文化的没落以及经济重心的转移，这里的制竹产业陷入萧条。竹山镇的竹子无论是在韧性还是环保等角度来说，都是非常好的设计原材料，从这一点来说就深深吸引了设计师石大宇，他希望通过自己的设计让竹山镇的制竹产业恢复曾经的风光，于是“琴剑竹椅”问世。而这把竹椅带动了从种植、加工到文化创意这一整条产业链，这是设计的力量。

二、非物质文化遗产设计元素提取

“非遗”文化自身具有一般文化不具备的文化特殊性与传承价值。重新认识“非遗”文化，逐渐成为当下创意设计的热门趋势，通常可汲取图案装饰题材、形式构成、象征意涵等元素。可以从以下几个角度提取特定的“非遗”文化元素。

1. 视觉元素

如非遗图纹、颜色和外型等，例如四大名绣、少数民族图腾等，非常适合设计软包类椅子，具有浓厚的地域特色，此类“非遗”传统文化中的视觉元素也能带给人们某种情怀。

2. 传统材料元素

传统材料元素指在“非遗”技艺中常用的一些材料，如：木材、瓷器、竹藤和丝织品等，这些材料在使用时更能体现一种质朴的回忆感。

3. 工艺元素

如：非物质文化遗产中的藤编工艺、陶瓷制作工艺、漆器制作工艺、传统榫卯技艺等，将这些工艺运用在椅子设计之中，既丰富其层次感，也更有创意性。

(1)藤编“非遗”工艺元素。中国拥有源远流长的藤编文化。藤编工艺一般要经过打藤、拣藤、洗藤、晒藤、拗藤、拉藤(刨藤)、削藤、漂白、染色、编织、上油漆等十几道工序。藤编材料主要以藤枝、藤芯或竹为骨架，用藤皮或幼嫩的藤芯编织而成。其特点是轻巧、耐用。在色彩上，大多采用藤本色。经加工、漂白、上色等工艺，也可制成白色、黄色、咖啡色、象牙色、棕色等丰富的色彩。藤编技艺如今已经被列入中国非物质文化遗产名录之中，能够传承这门技艺的手艺人也越来越少。纵观藤编产品，在品类上还是以日用品为主，编织技艺的传承受到局限，也很难让传统的藤编技艺走向国际视野，将藤编元素运用到家具设计上能使两者相得益彰。

（2）陶瓷“非遗”工艺元素。陶瓷种类繁多，入选国家级非物质文化遗产名录的就有：景德镇传统青花瓷制作技艺、建窑建盏制作技艺、钧瓷烧制技艺等。陶瓷受到许多陶瓷收藏者的喜爱，由于很多陶瓷没有经过适当的保存，一些有价值的陶瓷是残缺的，但是残缺也有一种别样的美，具有独特的时尚感。特别是在首饰设计中，设计师经常会对陶瓷碎片重新设计与运用。鉴于此，可以将碎瓷片与椅子设计相结合，既有现代的制作工艺又具有“非遗”元素的古典美感。

（3）漆器非遗工艺元素。漆器指用漆涂在各种器物的表面上所制成的日常器具及工艺品、美术品等。扬州漆器是中国特色传统工艺品种之一。起源于战国，兴旺于汉唐，鼎盛于明清。2006 年，“扬州漆器髹饰技艺”已成为首批国家级“非遗”项目。扬州漆器髹饰技艺主要有：雕漆工艺、点螺工艺、楠木雕漆砂砚工艺、彩绘（雕填）工艺、刻漆工艺、平磨螺钿工艺、百宝嵌、骨石镶嵌工艺、雕漆嵌玉工艺、磨漆画制作工艺这十大工艺门类。工艺漆器种类丰富：螺钿镶嵌、填漆、雕漆、洋漆、彩勾金、彩漆等各种。家具品种器物大至御案、宝座、床榻、柜桌、香几、屏风，小至各种箱、盒甚至是碗、碟、扇等器皿，应有尽有。内胎使用的材料有紫檀、花梨木、大红酸枝、黄杨等名贵木材。

三、基于“非遗”文化的椅类设计实践

富含“非遗”文化的家具总是会传达出一种静谧安逸之感，相比于中式古典家具，新中式家具设计抛弃繁复的雕刻花纹，避免沦为古板稀罕物。将家具结合“非遗”元素进行设计，赋予新中式家具和“非遗”文化新的生命力。

1.“藤之印”椅子开发案例

（1）设计草图。本案设计风格主要以新中式风格为主，在草图阶段，通过反复设计与修改各部件的连接方式，借鉴明式椅子的制作工艺，各部件之间主要以直角榫的方式连接，制作工艺简单，同时也可以保证椅子的牢固性。最终确定设计方案，草图定稿，如图 6-3 所示。

（2）材质选择。主要选择天然实木、藤编工艺和青花瓷片。

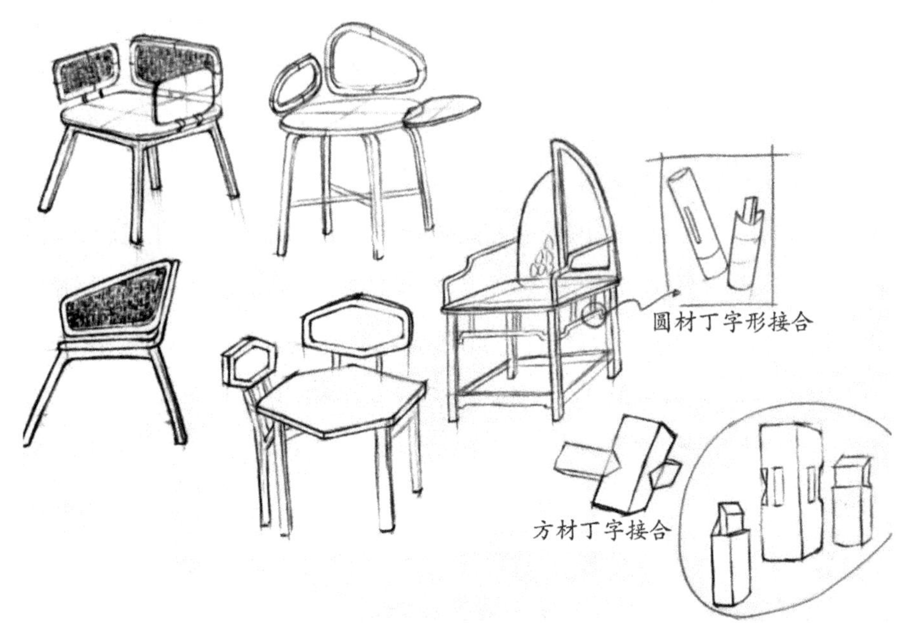

图 6-3　家具设计草图

（图片来源：杨斐绘制）

(3)制作工艺。椅子制作工艺基本流程：选材—开料—开榫—组装—打磨边角—修整—上漆—成品。家具打样制作，如图 6-4 所示；家具组装及家具成品，如图 6-5 和图 6-6 所示。

图 6-4　家具打样制作

（图片来源：摄于佳艺木雕）

图 6-5　家具组装

（图片来源：摄于佳艺木雕）

图 6-6　家具成品

（图片来源：摄于佳艺木雕）

(4)设计理念。“藤之印”座椅家具，如图 6-7 所示，主要以“非遗”元素为设计要点，采用藤编工艺以及陶瓷碎片等“非遗”元素来完成。底部的造型上借鉴中国传统明式椅类家具的设计特点，而靠背部分的设计打破了传统所强调的对称，赋予其对称的现代风格。结构上采用榫卯连接方式，既有现代美感又不失传统韵味。

2. “清风雅韵”沙发椅设计案例

“清风雅韵”沙发椅，如图 6-8 所示，系为企业量身打造的民用客厅家具方案。产品定位为新中式高档漆器家具。设计的产品包括：三人沙发（一件）、单人沙发（两对）、茶几（一件）、高几（一对），一共八件产品。沙发材质采用黑胡桃木为主材，配以精美的漆艺雕饰。沙发以黑色大漆为主色调，饰面板上以红色雕漆工艺为点缀，在不同色彩的相互映衬下，家具更加典雅，富有神韵。

漆雕也称剔红，其历史悠久。张应文在《清秘藏》谈道：“宋人雕红漆器，多以金银为胎，妙在雕法圆熟，藏锋不露，用朱极鲜，漆坚厚而无敲裂痕，所刻山水、楼阁、人物、鸟兽，俨然若图画，为绝佳耳。”可见其纹样丰富，工艺流程复杂。考虑现代家庭的空间特征，该套沙发家具产品设计了大量的收纳功能。产品局部工艺上以“非遗”漆雕工艺和螺钿工艺为主，雕花图案丰富。特别是漆雕工艺上，为了节约生产成本和时间，也可将抽屉面板的雕花工艺用化工漆制作，倒模一次成型。

图6-7 “藤之印”座椅

（图片来源：杨斐 绘制；叶聪总指导）

图6-8 “清风雅韵”沙发椅

（图片来源：叶聪 绘制）

正如《营造法式》中所说：“有定式而无定法。”“非遗”文化是设计可持续发展的源泉，随着国家对于“非遗”文化传承与保护的力度持续加大，中国的“非遗”文化更加系统化、深入化、规范化，这为椅类家具领域提供了新的设计思路。本节通过分析国内外优秀现代椅类家具作品，对设计师的设计理念进行延展，提取其创新设计思路。“非遗”元素与椅类设计创新融合的关键点在于设计师对于各设计要素之间的合理搭配，对复杂的“非遗”文化进行抽象概括，既让椅类家具融合了中国特色，同时也确保椅的合理使用功能，让“非遗”文化在家具设计领域中以另一种姿态活跃起来。

第三节　新中式红木家具创新开发实例

此次设计开发是与广东省中山市一家红木家具企业合作完成的。在设计前期，笔者先对该企业的生产工艺、销售和技术现状做了深度调研和考察。接着对它现有的家具产品做了分析，根据消费市场需求的特点，设计适用于现代住宅室内环境的新中式家具产品，以求新的设计方案与企业现有的产品能够融合。希望通过家具设计实例和市场反馈情况来检验理论分析的成果。

一、家具研发设计流程

家具设计的基本流程如下。

(1)设计策划与输入—套型目标分配—资料收集—资料分析。

(2)设计过程—构思与雏形设计—细节分析与研究—电脑建模—模型审核与修改—效果图渲染与后期制作—绘制三视及结构图—撰写设计说明。

二、红木家具设计案例

根据前期的调研和分析结果,设计的所有家具产品风格定位为新中式红木家具。

1.卧室家具设计案例

"臻华卷草"和"臻华洋花"系列卧室家具设计方案(图6-9,图6-10)所示。每套由衣柜(一件)、床(一件)、床头柜(一对)、电视柜(一件)一共五件卧室家具产品组成。

图6-9　"臻华卷草"卧室家具

(图片来源:叶聪 设计/绘制)

图6-10　"臻华洋花"卧室家具

(图片来源:叶聪 设计/绘制)

臻华系列产品主要采用榫卯接合的结构,辅以五金连接件和胶黏剂以加强接合度。在造型上,以须弥座为家具腿部的造型元素。装饰上注重细节。采用局部点缀雕花工艺,雕花纹样运用清式卷草和洋花纹作为装饰元素,纹理清晰美观。臻华系列家具产品CAD图,如图6-11和图6-12所示。生产工艺上,采用模块化加工方式。雕刻工序上,大块木料与小块木料综合利用,降低材料成本。特别是衣柜上部件,采用模块化组装,根据住宅空间形制的不同,可以自由配搭柜子的高度,以便提高空间利用率。运用模块化的生产,专业化的加工工艺、加工设备,既能高效生产又能降低成本。使家具符合现代空间的要求、符合新中式家具以人为本的舒适要求。

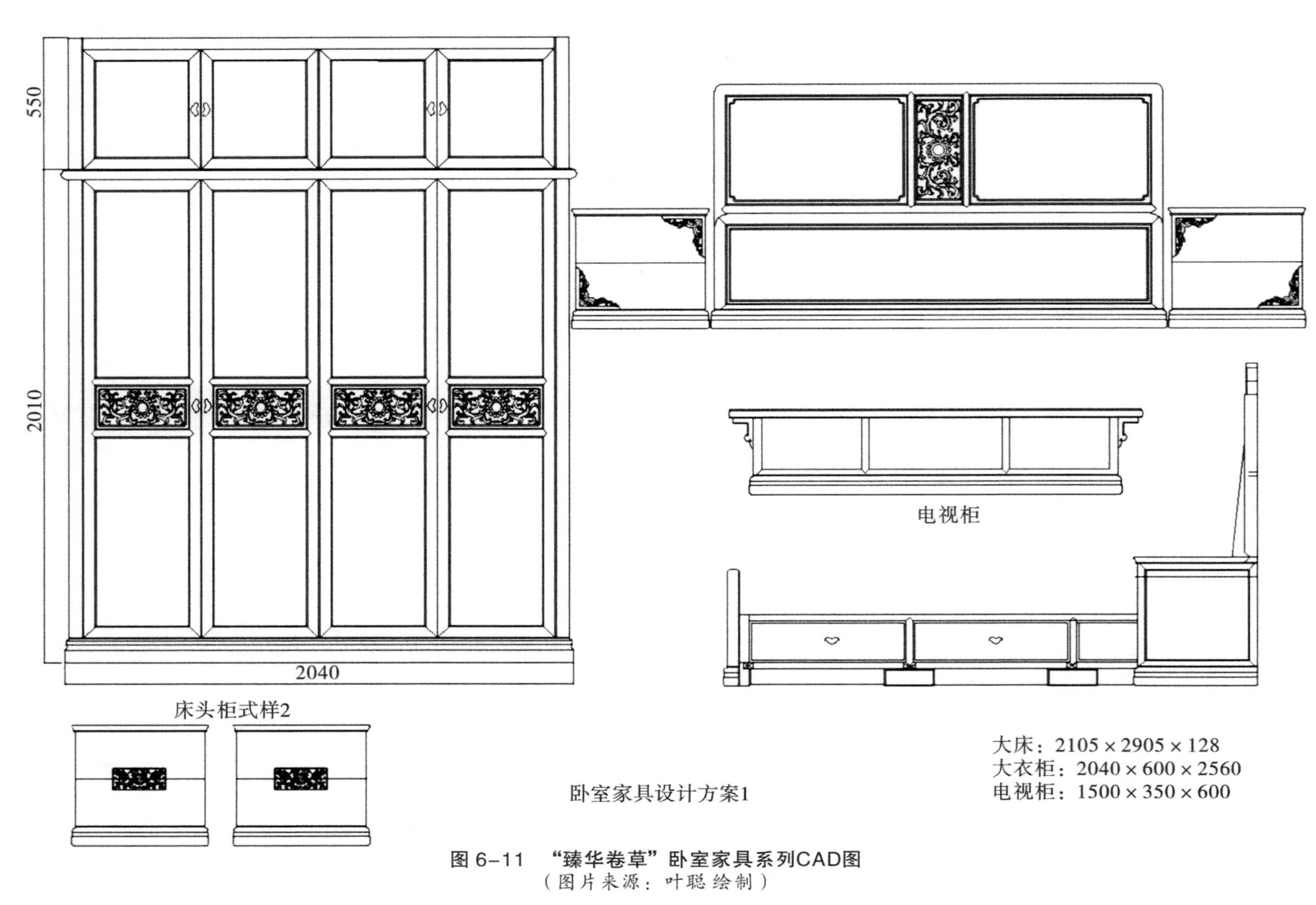

图 6-11 “臻华卷草”卧室家具系列CAD图
（图片来源：叶聪 绘制）

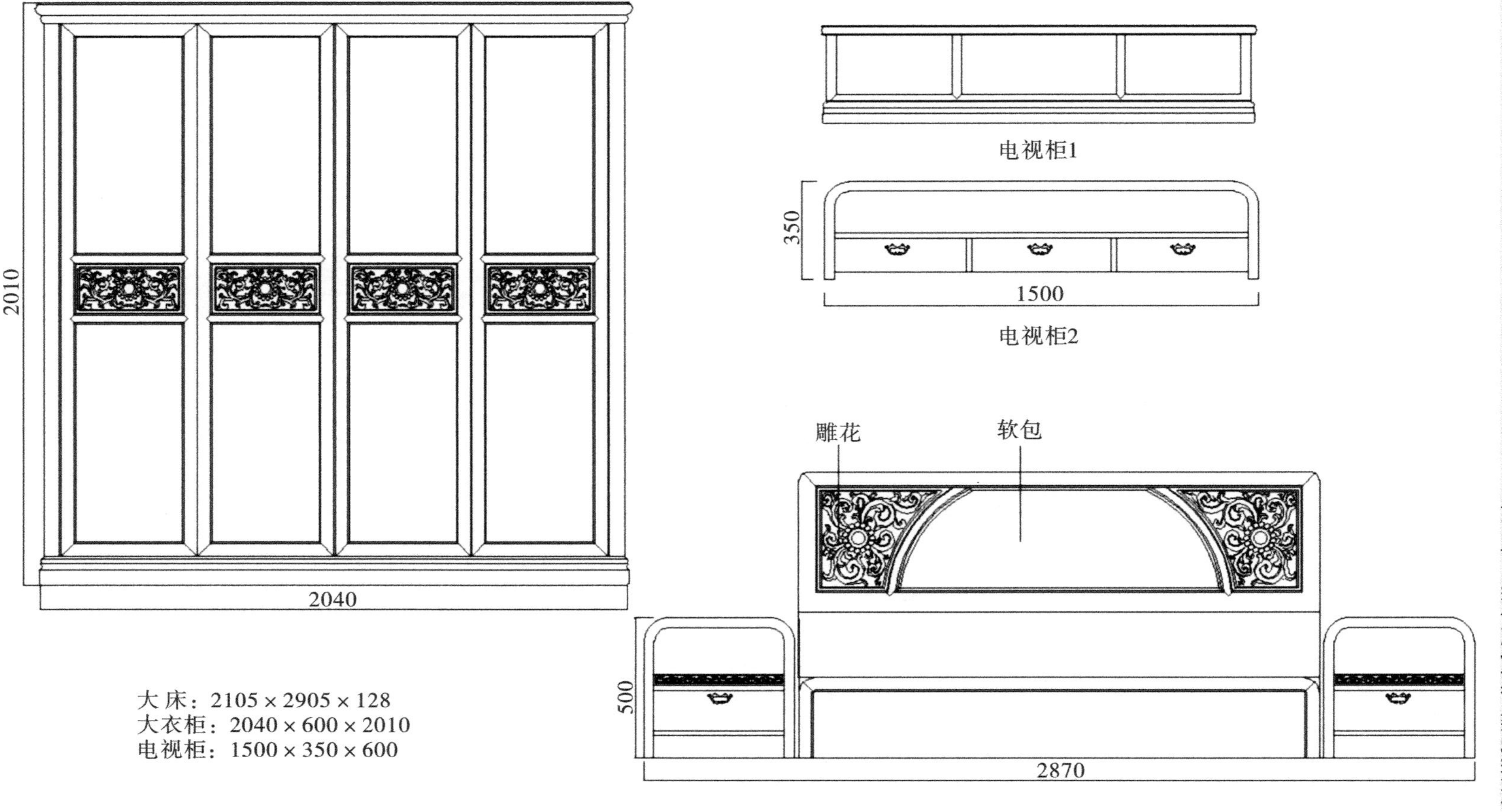

图6-12　“臻华洋花”卧室家具系列CAD图
（图片来源：叶聪绘制）

2. 柜架类家具设计案例

半隔断柜类家具设计的产品有餐边柜、博古架、书柜和酒柜等。在设计上运用简化和重组的手法,将提取的传统文化元素融入家具中。

(1)红木餐边柜设计(图6-13,图6-14)。餐边柜的整体造型以简洁为主,注重实用性。家具采用的传统纹样有洋花和祥云元素。

图6-13 餐边柜效果图

(图片来源:叶聪 设计/绘制)

图6-14 餐边柜三视图

(图片来源:叶聪 设计/绘制)

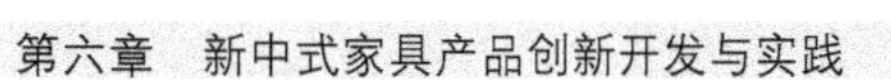

(2)红木博古架设计(图 6-15 至图 6-17)。新中式风格非常讲究空间的层次感,在需要隔绝视线的地方,使用博古架这种分隔方式,使室内空间展现出中式家居的层次之美。产品造型上,从传统四合院建筑的垂花门上得到启发,将垂花柱作为设计元素,运用到博古架中。传统博古架分割的内部空间尺寸小,可摆放物品的空间对于现代生活而言,其实用性不高。该产品注重设计细节,对整体造型尺度把握准确,加大了储物格的内部尺寸。此外在雕花设计上,洋花造型的花牙子设计不仅具有装饰性,还起到稳固结构的作用。

图 6-15　博古架效果图

(图片来源:叶聪 设计/绘制)

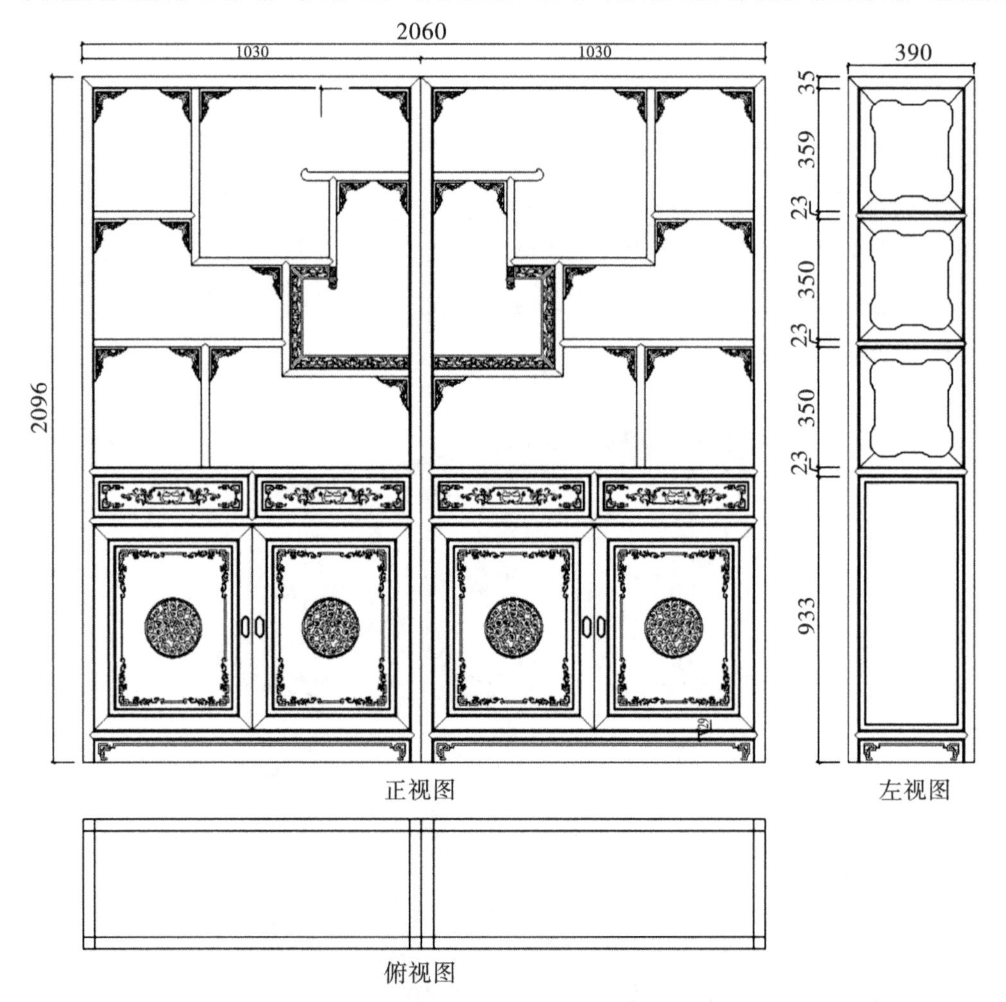

图 6-16　博古架三视图

（图片来源：叶聪 绘制）

图 6-17　博古架家具产品场景图

（图片来源：摄于太兴家具有限公司）

第四节 新中式茶室家具产品创新设计与实践

“茶者，南方之嘉木也。”唐代陆羽所书的《茶经》是有史以来世界上现存最早、最为完整详细介绍种茶、制茶、煮茶、饮茶、茶家具等，关于茶方方面面的百科全书。在《茶经》四之器中描述“具列”这一茶家具：“具列，或作床，或作架，或纯木、纯竹而制之，或木，或竹，黄黑可扃而漆者。长三尺，阔二尺，高六寸。具列者，悉敛诸器物，悉以陈列也。”对茶家具的材质、颜色、尺寸及用途都有详细的记述。

中国传统茶文化有着深厚的历史，内涵丰富，体现了人们的思想内涵，让它融入家具设计中可以更好地展现中国传统文化，提高人们对家具设计内容接受度与认同感的同时，还可以让传统文化得到更好的传承与发展，对我国整体文化艺术发展有着非常重要的影响。

一、新中式茶家具创新设计方法

1. 设计创新与功能拓展

在设计方面需要有创新思路，使用户和产品、服务、需求和不同体验的动机相统一，主要有几个方面：美感体验是最直观的，比如视觉效果、嗅觉效果、触觉效果等。产品的意义受到个人和文化差异的影响而产生不同结果。产品拉近了我们和产品的距离，如共用情感、自然、精致、提升品位等。家具直接服务于人，由于古今生活方式的改变，功能也变得多元化。在设计中不能满足于传统家具的原有功能，应根据消费需求，拓展新功能。比如柜子，除了基础的收纳功能，还可以增加装饰、展示、陈列等功能，体现实用与艺术的完美结合。

2. 技术加持与材料创新

随着科技的进步，现代技术更趋于工业化、机械化、自动化。材料是家具设计的基础元素，材料的颜色、质地都将在很大程度上影响家具的视觉表现和使用感受。合理结合不同材质的优点，通过技术加持与设计创新，对现代材料进行整合和运用。如：新型人造板材料、木塑复合材料、其他新型材料（陶瓷材料、新型塑料、新型玻璃）等，极大地丰富了家具的表现内容。

3. 传统文化的融合

中国传统文化元素在新中式家具设计中可以通过直接应用、提炼概括、解构重构等方式来表现,如中国传统绘画。绘画和家具是两个不同的领域,绘画重视艺术性的传达,家具以实用功能为中心,艺术性为辅。但是纵观家具史,中国古代家具也具有很高的艺术价值。比如商周的夔龙纹、饕餮纹;明式家具的黄金比例,装饰构件和主要构件形成的从属关系,起到了很好的协调作用,透露出自然质朴与稳重大气。这些都对现代家具造型设计起到了很重要的借鉴意义。

二、新中式茶家具设计与实践

1. 茶柜家具设计与实践

(1)茶柜家具及设计构思。依据中国家具传统图史记载,柜子在汉代作为单独的家具诞生,柜门上安装铜饰配件,用以上锁。柜子的种类丰富、数量繁多,依据形制不同,有圆角柜、亮格柜、方角柜多种款式。图 6-18 是一款黄花梨材质的亮格柜,现藏于故宫博物院。亮格是指没有门的隔层;柜是指有门的隔层。这种架格在上,柜子在下,带有亮格层的立柜,统称亮格柜。亮格便于观赏放置的器物。柜子制作于清早期,造型质朴。柜门为平素面,彰显出黄花梨材质的自然之美。柜子上部之格三面开敞,下部之柜对开门。柜门打开,在柜内中部设有一对抽屉,屉面中心配铜拉手。方腿直足,两腿间安直牙条,是典型的明式家具风格。王世襄先生在《明式家具研究》中介绍类似的亮格柜:“柜门关后,钮头穿过柜门的大边及铜面叶,露出在面叶之上,以便穿钉加锁。凡如此安装钮头者,柜门上的铜饰件多卧槽平镶。镶钉完毕后,饰件表面与家具平齐。”

茶橱多陈设于民居厅堂,是广东潮汕人日常存放茶具的橱柜。当地人喝茶非常讲究,存放茶具的橱柜因而装饰华丽,设计考究。如清代的金漆木雕茶橱,如图 6-19 所示,是典型的潮州木雕工艺。茶橱设有门两扇,内设小抽屉和置物层板,可放置茶叶罐、茶盘、茶杯、茶船、冲罐、火炭、泥炉等器物。茶橱门及橱两侧是木雕装饰的重点部位,镶嵌多件透雕花板作装饰。构图饱满、装饰题材丰富,以社会生活、花鸟鱼虫、人物故事、几何纹样等最为常见。潮州木雕有四道制作工序:上草图、凿粗胚、细雕刻、髹漆贴金。尤其是髹漆贴金工艺,使木雕茶柜家具在实用的基础上呈现出富丽堂皇的装饰效果。

现代柜类更趋于简洁,设计提倡以人为本,人性化的柜类家具设计,不仅要外形美观有趣,也要注重家具的质量以及人的使用感受。李敏秀在《人性化家具设计的思考》中提出,在“实用、经济、美丽”的三个原则的基础上,同时也提倡“提供人们的感知和心理需求”,即实现生活、舒适和美学的统一。

图6-18　黄花梨木柜格

(图片来源:故宫博物院官网)

图6-19　金漆木雕茶橱

(图片来源:摄于广东省博物院)

茶柜设计一方面要根据人们的生活习惯体现茶柜的储存功能,另一方面体现在对用户收纳功能的满足。因此考虑将金属、木材、玻璃等材质进行结合,设计一款既可以收纳物品,又可以展示茶具,同时具有书架功能的新中式茶柜。

在茶柜设计前期,从多功能角度出发,进行初步的方案构思;后期设计多种草图方案,并对方案进行深入分析,对家具的外观、功能、细节进行比较与修改。“千里江山”茶柜设计草图,如图6-20所示。

确定草图设计方案后,用犀牛软件进行产品3D模型的制作,并对方案进行细节修改,赋予材质及渲染,利用Adobe Photoshop软件进行后期处理,呈现出如图6-21的效果。

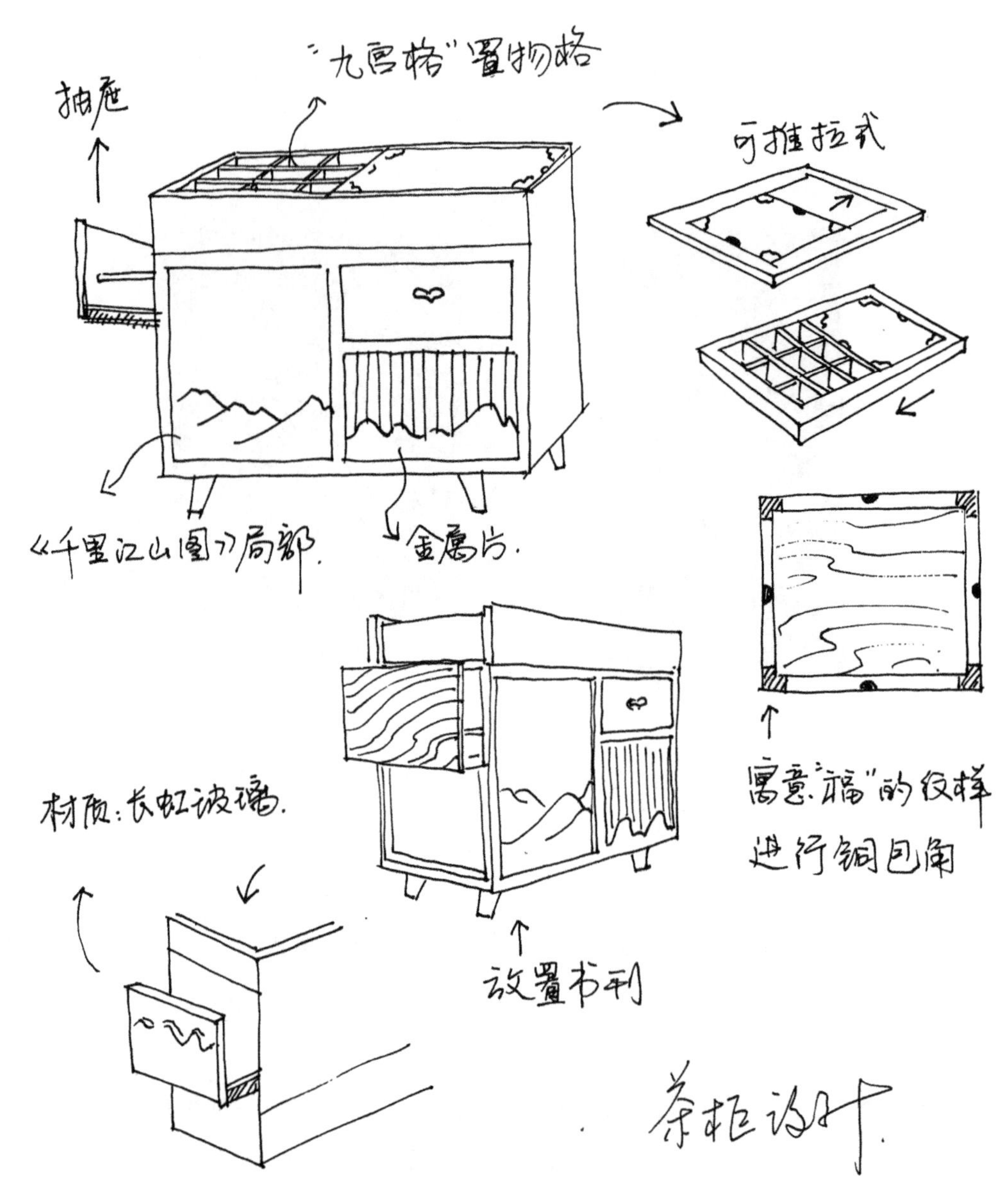

图 6-20 "千里江山"茶柜设计草图

（图片来源：周璇 手绘）

图 6-21　“千里江山”茶柜设计效果图

（图片来源：周璇 设计/绘制；叶聪 指导）

（2）茶柜家具设计细节。本款茶柜以宋代王希孟的青绿山水画《千里江山图》为主题。《千里江山图》细致地描绘了中国的秀丽河山，气势磅礴，画中的美学思想引人遐思。茶柜正视图左半部分使用《千里江山图》的局部画面，与主体色彩搭配和谐，使设计主题与《千里江山图》呼应。

茶柜的尺寸规格为 800 mm×400 mm×688 mm。设计以人们的生活行为习惯为切入点，结合柜类家具的人体工程学，茶柜三视图及细节尺寸如图 6-22 所示。茶柜主要材质为柚木饰面板，辅以金属、棉麻、压花玻璃等材料。柜体采用板式结构，以简洁的直线造型为主。细节设计上加入《千里江山图》中山体的曲线元素，既体现了现代人对简约的向往，又兼顾了新中式家具的意蕴，使家具审美与实用并存。

茶柜包括两个抽屉，两个柜门，配套九宫收纳格等收纳空间。茶柜正视图右下方，山形金属片既是装饰，又可以放置杂志。茶柜顶部设计了一个“茶叶九宫格”以及可移动的木质托盘。九宫格主要放置小包装的茶叶，木质托盘还可以作为茶柜左上方的“茶叶九宫格”的顶盖。茶柜左侧上半部分是一个抽拉式的托盘，用于展示茶壶。安全起见，托盘的周围有金属条加固。左侧下半部分是一个储物空间，采用亚麻和板材结合的柜门稍作遮挡。该茶柜具有移动、伸缩、隐藏等细节功能，对柜门五金的适配程度也做了调整。

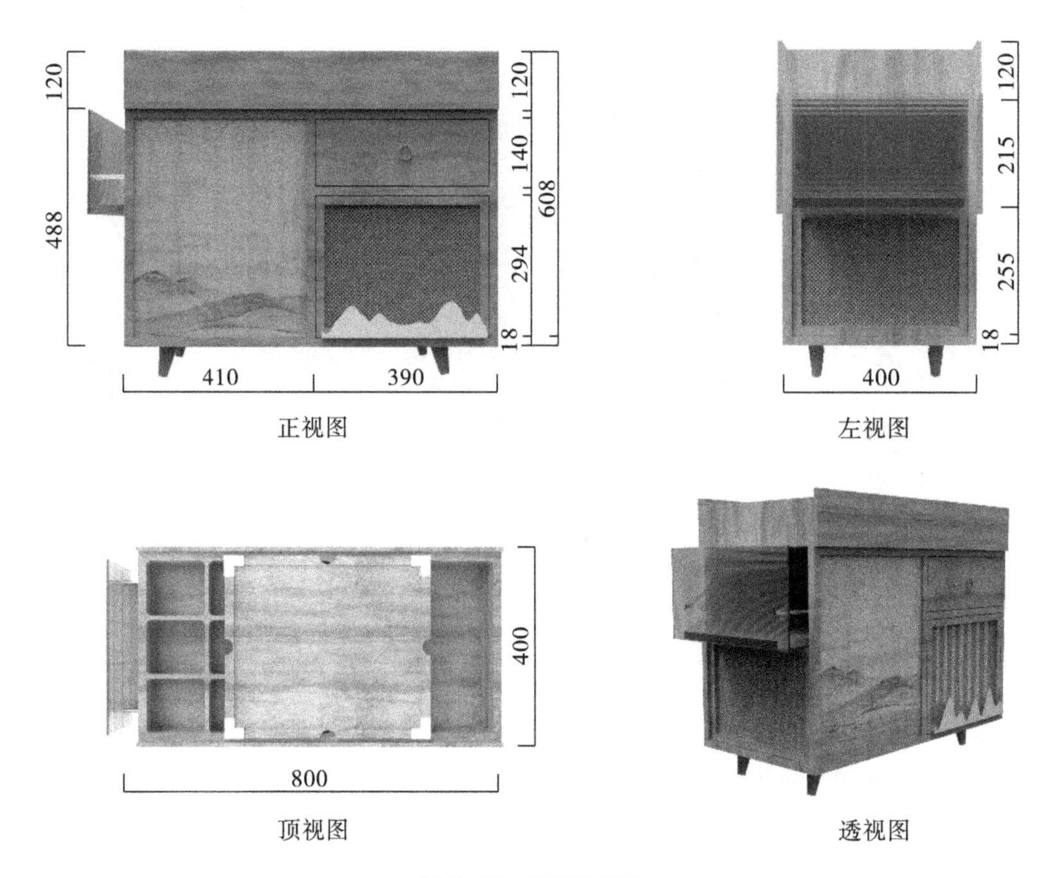

图 6-22　茶柜三视图

（图片来源：周璇 绘制）

（3）茶柜家具实物制作。确定设计稿后，进入家具的制作环节。为了更好地还原效果图的外观，与厂家不断沟通，商议材料选用、制作工艺，对设计图的细节也进行了相应调整。根据图纸对板材进行测量与切割、板材包边以及组装板材，如图 6-23 至图 6-25 所示。厂家根据图纸安装了相应的配件与材料，如：安装脚链、安装配件（伸缩杆、金属把手）、安装玻璃、粘贴布料、成品组装等。最终完成了茶柜的实物制作，如图 6-26 至图 6-31所示。

图6-23　切割板材

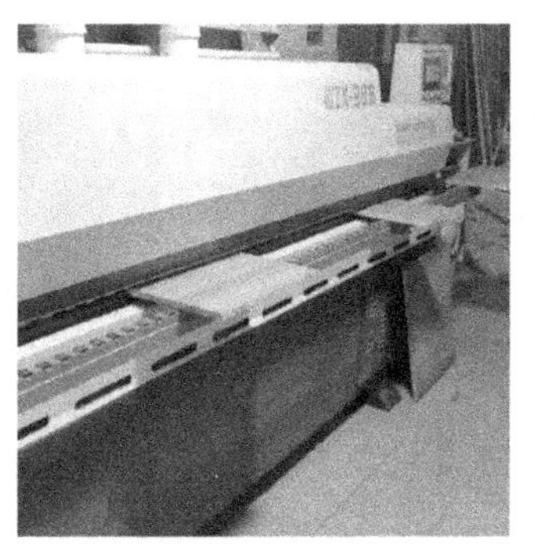

图6-24　板材包边

图6-25　组装板材

图6-26　安装脚链

图6-27　安装配件

图6-28　安装玻璃

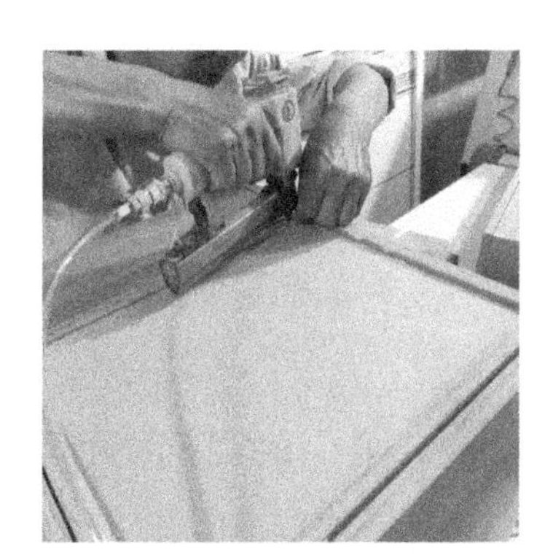

图6-29　粘贴布料

图6-30　晾干

图6-31　家具成品

（图片来源：摄于莱顺装饰）

2. 茶桌家具设计与实践

茶桌家具的设计理念基于现代语境融入茶文化，满足消费者的需求，体现出产品浓厚的传统文化底蕴。茶桌提取了《千里江山图》的拱桥外形作为设计元素，外观造型上将传统元素和现代茶桌进行融合与创新。茶桌设计采用榫卯结构，主要材质使用柚木，整体显得清新自然。设计的产品具有实用性的同时，在结构、材料、造型等方面，展现出美观性与功能性。茶桌家具产品效果图和实物图，如图 6-32、图 6-33 所示。

图 6-32　茶桌效果图

（图片来源：陈欢 设计/绘制；叶聪 指导）

图 6-33　茶桌实物图

（图片来源：摄于艺术学院展厅）

3. 茶家具产品设计与展示

青绿山水画《千里江山图》是北宋王希孟的代表作之一，高超的绘画技巧和绚丽的色彩相结合，使一幅集美学思想和艺术价值为一体的佳作诞生于世。本套茶室家具，从客户的需求以及产品实用价值出发，以《千里江山图》为设计主题。本着多功能设计，多种材料结合的创新设计思路，设计的新中式茶室家具，满足用户一物多用、经济实惠、视觉审美等多方面的需求。

在当代语境中对传统文化进行进一步提取与拓展，通过提炼《千里江山图》中的典型元素，汲取传统文化的精华，融合现代设计元素，传承和创新。以现代中国家居空间新的艺术理念和形象，将设计作品与现代审美融合，体现出对传统文化的尊重，同时更好地服务于现代生活。《千里江山》茶室家具场景图，如图 6-34 所示。

图 6-34　《千里江山》茶室家具场景图

（图片来源：陈欢、周璇 绘制）

中国传统茶文化作为世界文化的一部分，具有鲜明的特色和重要的传承价值。对本土设计师来说，继承与发展自是永恒的主题，与时俱进才是应有的姿态。巧妙运用中国传统文化符号来诠释设计内涵，将传统和现代的本源进行融合再创造，使其兼具时代气息和传统文化神韵。当然，在运用中国传统文化元素的过程中，绝对不仅仅是对于外形的生搬硬套，或简单的复古、仿古，应取其精华，弃其糟粕，传达与展示中国传统文化和艺术中的优点。而现代中式家具的开发与创新设计是当代设计师所面临的新问题、新挑战。新中式家具概念的提出和研究，无疑为中国家具设计导航引路。如何使新中式家具承前启后，拓展新中式家具设计的内涵和外延，提高市场竞争力，实现新中式家具产业可持续发展，是新一代家具设计师的共同任务。

第七章　总结与展望

摩尔根在《古代社会》一书中写道："与家族形态及家庭生活方式有密切关联的房屋建筑，提供一种从野蛮时代到文明时代的进步上相当完整的例解。"从人们的居住与生活入手研究家具设计，更能深入设计本质，探究设计的根源。对新中式家具的研究以及设计，可以在有限的生活空间中，提高人们的生活质量，使中式家具在产业、环境和社会三方面彼此协调的条件下可持续地、健康地发展。

第一节　结论

本书在借鉴国内外相关研究成果的基础上，运用类比、推理与演绎等方法界定了新中式家具的定义，初步构建出生活方式理论框架；通过传统生活方式、传统室内形制下传统中式家具文化观与现代生活方式和室内形制的对比，提出具有适合现代生活方式与室内形制的新中式家具系统理论。新中式家具研究包含理论研究、技术研究和在生产实际中的运用。通过全面系统深入的研究，主要得出以下结论。

(1)建立了中式家具的理论框架。厘清相关概念，界定新中式家具的概念。

(2)对与中式家具有关的生活方式展开研究。生活方式是一个比较广泛的概念。宏观上笔者以精神生活和物质生活为主线，微观上从思想、民俗、起居方式等方面分别探讨古今生活方式异同对中式家具的影响。

(3)分析了古今建筑室内形制的不同对中式家具的影响，作为新中式家具研究的理论与技术基础。通过对大量现有家具产品功能的分析，对其功能进行分类、汇集归纳。

针对已经开发住宅和精装修住宅，提出模块化设计的方案，并研究了这些功能模块的实现方式、原理，为新中式家具与住宅室内形制的对接，提供了一定理论依据。

(4)通过对民用住宅消费者的市场调查，分析出对购买住宅和购买家具有影响的因素。① 影响消费者购房的4个潜在因素为：住宅装修设计因素、住宅建筑面积功能因素、住宅建筑结构与层高因素、住宅价格因素。② 对购房面积需求有显著性影响的因素为：户型、职业和家庭月收入。而年龄和学历等因素对购房面积需求并无显著性影响。③ 影响消费者购买家具的3个潜在因素为：外观设计因素、功能因素、价格因素。在影响消费者的购买因素中，经济条件和价格是影响消费者购买家具的主要原因。

(5)对红木家具市场进行调查实证分析，开发探讨家具创新。利用SPSS社会统计学相关原理，对中式红木家具市场调查问卷进行分析，运用科学的分析结果指导实践，结果显示新中式家具有广阔的市场前景和广泛的消费人群。此外，人们对中式儿童家具的需求增加，家居智能化，对厨卫空间要求也大大提高，这将对新中式家具提出新的挑战。在家具设计上，坚持人体工程学原则、可持续发展原则，实现以人为本的新中式家具创新与可持续发展。

(6)针对目前市场上中式家具现状，以市场调查分析结果为依据，研究新中式家具产品创新开发与实践。以“南京非遗”文化视域下的家具产品创新开发、基于“非遗”文化的椅类家具产品创新设计、新中式红木家具创新开发实例、新中式茶室家具产品创新设计与实践这几个主题作为切入点，运用创新理论的方法，通过CAD、3D建模等计算机手段，为企业研发出结构合理、功能适用的新中式家具产品。

第二节　不足与展望

新中式家具产品的设计是一项多学科交叉的新兴技术，是人类社会发展和生活质量提高的必然产物。随着社会经济的发展，人们的生活方式还在不断地变革。近年来，新中式家具在市场上起步，对新中式家具的设计还有待探索，本研究希望为新中式家具的设计开发起到抛砖引玉的作用。由于笔者时间和精力所限，仍存在一些缺陷和不足。

(1)书中涉及消费心理学、市场营销学和统计学等学科的专业知识，笔者虽然多方研

究文献资料和请教相关人士，但在理解和具体应用上难免出现偏差。家具消费心理包含内容庞杂，笔者主要从家具消费需求和偏好的角度，结合人口统计因素划分消费群体，进行消费心理分析，也可以从其他角度做深入的研究和探索。

（2）在定性研究方面，本书由于受时间和篇幅的限制，进行了比较粗略的分析，笔者认为还可以细分家具发展史和时间段，并对其进行分门别类的研究。此外，关于农村生活方式与中式家具的研究，内容没有完全展开，可以进一步细化。

（3）家具设计问卷实证研究，笔者认为也还可进一步加以完善。本书只是从宏观上对红木家具消费者进行心理问卷调查与分析，笔者认为可以把家具细分，如消费者对沙发、床、厨柜类等家具的需求进行问卷调查与分析。本书从问卷调查法的角度进行相关研究，方法较为单一。问卷发放的范围有一定的局限性，部分问题设置不够科学，数据的分析不够细致深入，有进一步改进的空间。

近年来，与环保相关的绿色家具体系得到了高度的重视。在设计中如何考虑环境要素，借助系统的方法手段——并行设计和系统工程等，以系统思想为指导，在新中式家具产品整个生命周期的各个阶段以及各个环节上，集现代设计方法、工程技术为一体进行整体设计，从而达到绿色设计的目标，实现家具产业的可持续发展，这又将是一个新的挑战。

附　录

附录1　民用住宅消费者心理问卷调查

您好！该问卷希望能得到您的大力支持，目的是更好地改善居住环境。请认真填写，谢谢！

请在相应的选项上打“√”。

1. 您对住宅的类型需求？ ①普通商品房 ②SOHO公寓 ③别墅 ④二手房	2. 您对面积需求？ ①90 m^2 以下 ②90～120 m^2 ③120～140 m^2 ④140 m^2 以上	3. 您对户型需求？ ①一室 ②二室 ③三室 ④四室及以上 ⑤框架房自由分隔
4. 您在购买住房时希望？ ①毛坯房 ②房产商精装修	5. 您买房的目的？ ①自己住 ②父母住 ③孩子住 ④投资或其他	6. 住宅装修喜欢什么风格？ ①中式风格 ②欧式风格 ③现代风格 ④其他________

一、对于住宅以下因素您认为是否重要？请在相应“口”上打“√”

	5 很重要	4 重要	3 有点重要	2 不太重要	1 不重要
1. 价格	□	□	□	□	□
2. 得房率	□	□	□	□	□
3. 住宅层高	□	□	□	□	□
4. 建筑结构	□	□	□	□	□
5. 功能划分合理性	□	□	□	□	□
6. 装修风格	□	□	□	□	□
7. 装修质量	□	□	□	□	□
8. 装修颜色	□	□	□	□	□
9. 家具与室内装修搭配	□	□	□	□	□
10. 客厅装修	□	□	□	□	□
11. 餐厅装修	□	□	□	□	□
12. 卧室装修	□	□	□	□	□
13. 书房装修	□	□	□	□	□
14. 厨卫装修	□	□	□	□	□
15. 其他空间装修	□	□	□	□	□

二、装修后您会选择什么风格的家具？

	5 喜欢	4 比较喜欢	3 一般	2 不太喜欢	1 不喜欢
1. 中式风格家具	□	□	□	□	□
2. 现代风格家具	□	□	□	□	□
3. 欧式风格家具	□	□	□	□	□

4. 其他风格家具(________)

三、对家具材质的选择，您持什么态度？

	5 喜欢	4 比较喜欢	3 一般	2 不太喜欢	1 不喜欢
1. 红木	□	□	□	□	□
2. 普通实木	□	□	□	□	□
3. 人造板	□	□	□	□	□
4. 竹藤	□	□	□	□	□
5. 玻璃	□	□	□	□	□
6. 金属	□	□	□	□	□
7. 塑料	□	□	□	□	□
8. 石材	□	□	□	□	□

四、您购买家具时认为以下因素是否重要？请在相应“口”上打“√”。

	5 很重要	4 重要	3 有点重要	2 不太重要	1 不重要
1. 价格	□	□	□	□	□
2. 功能	□	□	□	□	□
3. 材料	□	□	□	□	□
4. 风格款式	□	□	□	□	□
5. 设计	□	□	□	□	□
6. 质量	□	□	□	□	□
7. 颜色	□	□	□	□	□
8. 舒适度	□	□	□	□	□
9. 实用性	□	□	□	□	□
10. 安全性	□	□	□	□	□
11. 环保性	□	□	□	□	□

五、您喜欢什么样的休闲方式?

	5 喜欢	4 比较喜欢	3 一般	2 不太喜欢	1 不喜欢
1. 在家娱乐	□	□	□	□	□
2. 户外娱乐	□	□	□	□	□
3. 商业圈娱乐	□	□	□	□	□

六、在以下色系中,你比较喜欢什么颜色的家具?

①浅色 ②深色 ③原木色 ④中间色(如黑、白、灰等) ⑤其他________

七、购买家具时,您希望家具的使用年限是?

①5 年以内 ②5 ~ 10 年 ③10 ~ 20 年 ④20 年以上

八、谁拥有较大的家具购买决策权?

①妻子 ②丈夫 ③共同决定 ④父母

您的基本资料(不留姓名,绝对保密)

1. 年龄:□ 30 岁以下 □ 30 ~ 40 岁 □40 ~ 50 岁 □ 50 ~ 60 岁 □ 60 岁以上

2. 职业:□公务员 □军人 □干部 □高管 □企业家 □专业人士(教师、医生等) □外企职员 □技术研究员 □公司职员 □自由职业 □其他________

3. 文化程度:□初中以下 □高中或中专 □本科 □研究生

4. 家庭月收入:□5 千元以下 □5 千 ~ 1 万元 □1 万元以上

附录 2　红木家具消费者心理问卷调查

您好,本问卷目的是提升家具品质。请将您的选择打“√”,谢谢您的热心支持与协助!

编号____________

一、基本情况

问题 01:您的性别:□A. 男　□B. 女

问题 02:您的年龄:

□A. 30 岁以下　□B. 30 ~ 40 岁　□C. 40 ~ 50 岁　□D. 50 ~ 60 岁　□E. 60 岁以上

问题 03:您的文化程度:

□A. 初中及以下　□B. 高中或中专　□C. 大学　□D. 硕士及以上　□E. 其他

问题 04:您从事的职业:

□A. 公务员　□B. 教育业　□C. 市场与销售　□D. IT 行业　□E. 金融业

□F. 外资企业　□G. 工程师、房地产　□H. 服务行业　□I. 私企老板

□J. 自由职业　□K. 广告、艺术与设计　□L. 其他

问题 05:您的月收入:

□A. 1000 元以下　□B. 1000 ~ 2000 元　□C. 2000 ~ 3000 元　□D. 3000 ~ 5000 元

□E. 5000 元 ~ 1 万元　□F. 1 万 ~ 3 万元　□G. 3 万 ~ 5 万元　□H. 5 万元以上

二、居住情况

问题 06:您的住房类型:□A. 商品房　□B. 租房　□C. 公寓　□D. 别墅

□E. 其他

问题 07:您的住房面积:

□A. 60 m^2 以下　□B. 60 ~ 80 m^2　□C. 80 ~ 100 m^2　□D. 100 ~ 120 m^2

□E. 120 ~ 160 m^2　□F. 160 ~ 200 m^2　□G. 200 ~ 300 m^2　□H. 300 m^2 以上

问题 08:您的住宅户型:　□A. 1 室 1 厅　□B. 2 室 1 厅　□C. 2 室 2 厅

□D. 3 室 1 厅　□E. 3 室 2 厅　□F. 4 室 2 厅　□G. 其他

问题09:您喜欢的住宅风格:

□A.现代风格 □B.中式风格 □C.欧式风格 □D.民族风情 □E.个性

□F.混搭

问题10:在住宅面积已定的情况下,您希望的厅房面积分布是:

□A.客、餐厅越大越好,睡房够用便可 □B.睡房应宽敞舒适些,客餐厅够用便可

□C.卫生间和厨房够用即可 □D.卫生间和厨房要尽量大

问题11:喜欢着重装修住宅的哪个空间:

□A.客厅 □B.卧室 □C.餐厅 □D.儿童房 □E.厨房 □F.书房

□G.休闲室 □H.其他

三、购买家具情况

问题12:您通常会在什么情况下去了解家具产品信息:

□A.房子装修前 □B.房子装修中 □C.房子装修后 □D.添置家具

□E.除旧换新 □F.其他

问题13:您挑选家具的方式(多选):

□A.去家具卖场挑选 □B.按自己的需要订购 □C.买知名品牌 □D.网购

□E.去外地选购 □F.按照设计师的意思挑选 □G.熟人推荐 □H.其他

问题14:您打算购买单件产品还是成套?

□A.单件 □B.成套

问题15:您更需要哪种类型的红木家具:

□A.客厅 □B.餐厅 □C.书房 □D.卧室 □E.都需要

问题16:您更倾向的红木家具风格是:

□A.明式风格 □B.清式风格 □C.现代风格 □D.新中式风格 □E.其他

问题17:对红木家具造型您更偏向:

□A.厚重简洁 □B.厚重复杂 □C.轻巧简洁 □D.轻巧复杂 □E.其他

问题18:您觉得红木家具上的雕花工艺:

□A.雕花图案越多越好 □B.局部雕刻点缀即可 □C.不喜欢雕花

问题19:对于红木家具的款式您更倾向:

□A.大众化口味 □B.更具设计性的家具 □C.只要好看都能接受

问题20:购买红木家具时,您最关心的问题是什么(多选):

□A. 风格样式 □B. 价格 □C. 品牌质量 □D. 环保 □E. 材料 □F. 功能

□G. 颜色 □H. 舒适度 □I. 都重要

问题21:您能承受的一套家具价位:

□A. 1 万元以下 □B. 1 ~2 万元 □C. 3 ~5 万元 □D. 5 ~10 万元

□E. 10 万元以上

问题22:目前红木家具材料搭配上您能接受哪种:

□A. 石材 □B. 玻璃 □C. 皮草 □D. 铁艺 □E. 软包 □F. 不同色的红木混搭

问题23:对于家具的设计哪些您最想要:

□A. 造型美观 □B. 功能齐全 □C. 材质新颖 □D. 方便舒适

问题24:您觉得目前红木家具功能上还有什么欠缺:

□A. 储藏功能 □B. 折叠功能 □C. 保健功能 □D. 其他

问题25:您想选购的红木家具产品材种:

□A. 黄花梨 □B. 鸡翅木 □C. 紫檀 □D. 红檀 □E. 乌木 □F. 条纹乌木

□G. 红酸枝 □H. 黑酸枝 □I. 瘿木 □J. 香枝木 □K. 其他

□L. 只要好看都可以

问题26:您喜欢家具产品的颜色:

□A. 红色系 □B. 黑色系 □C. 棕色系 □D. 黄色系 □E. 绿色系 □F 紫色系

□G. 其他

问题27:您购买红木家具的目的:

□A. 自己使用 □B. 子女使用 □C. 父母使用 □D. 赠送他人 □E 其他

问题28:您认为目前家具市场存在的最大隐患是什么:

□A. 质量得不到保障 □B. 设计不够完美 □C. 售后服务差 □D. 诚信度不够高

□E. 其他

四、其他情况

问题29:您一天的休闲时间为:

□A. 少于 1 小时 □B. 1 ~3 小时 □C. 3 ~5 小时 □D. 超过 5 小时

问题30:您喜欢的休闲方式(多选):

□A. 看电视 □B. 看书 □C. 上网 □D. 打牌、打麻将 □E. 卡拉 OK □F. 品茶

□G. 运动　□H. 逛街　□I. 串门、聊天　□J. 其他

问题31：您一般是从哪里得知中式家具品牌的有关信息的(多选)：

□A. 报刊广告　□B. 电视广告　□C. 广播电台广告　□D. 户外广告

□E. 宣传资料　□F. 亲戚朋友介绍　□G. 媒体新闻报道　□H. 网络　□I. 其他

五、您对目前中式家具设计的意见或建议？

参考文献

[1]张家冀.中国建筑论[M].太原:山西人民出版社,2013.

[2]王世襄.明式家具研究[M].北京:生活·读书·新知三联书店,2020.

[3]周雪冰,苏艳炜,徐俊华,等.中国古代传统家具的演进特征研究[J].包装工程,2021,42(14):201-205+218.

[4]陈祖建,关惠元.现代中式家具的存在问题及对策[J].福建农林大学学报(哲学社会科学版),2008,11(5):104-107.

[5]王欢欢,许继峰.以汉字拓展新中式家具设计表现探究[J].家具与室内装饰,2021(11):10-13.

[6]彭艳洁.感性与理性在新中式风格中的设计研究[J].家具与室内装饰,2020(1):26-27.

[7]颜朝辉.基于明式家具特征的新中式家具设计研究[J].家具与室内装饰,2022,29(2):81-85.

[8]连彩萍,韦佩瑶,庞小仁等.竹材在新中式家具中的设计表现[J].林产工业,2023,60(3):73-76+92.

[9]孙斌宾,杜鹤民.新中式家具设计研究进展[J].家具,2023,44(1):5-9+40.

[10]王少华,肖德荣.基于禅文化的新中式家具设计研究[J].家具与室内装饰,2017(1):80-81.

[11]淮安国.明清家具装饰艺术[M].北京:故宫出版社,2012.

[12]王俊.中国古代家具[M].北京:中国商业出版社,2015.

[13]马克思.中共中央马克思恩格斯列宁斯大林著作编译局.马克思恩格斯全集(第3卷)[M].北京:人民出版社,2019.

[14]张家冀.中国造园论[M].太原:山西人民出版社,2013.

[15]胡德生.中国家具真伪识别[M].沈阳:辽宁人民出版社,2016.

[16]国家统计局.居民收入水平较快增长 生活质量取得显著提高:党的十八大以来经济社会发展成就系列报告之十九[EB/OL].http://www.stats.gov.cn/tjsj/sjjd/202210/t20221011_1889085.html.

[17]中国家具协会.中国家具协会理事长徐祥楠在中国家具产业集群大会暨中国家具协会第七届二次理事会上的报告[EB/OL].https://www.cnfa.com.cn/infodetails3717.html? lid=36

[18]中国发展网.国潮家居趋势论坛举行发布 2022 中式红木家居消费趋势[EB/OL].http://www.chinadevelopment.com.cn/zxsd/2022/0726/1789103.shtml

[19]中国家具协会.(徐祥楠)在 2022 世界家具联合会年会暨世界家具论坛上的讲话[EB/OL].https://www.cnfa.com.cn/infodetails3847.html? lid=36

[20]朱毅.家具造型与结构设计[M].北京:化学工业出版社,2017.

[21]国家统计局.新动能茁壮成长 新经济方兴未艾:党的十八大以来经济社会发展成就系列报告之九[EB/OL].http://www.stats.gov.cn/xxgk/jd/sjjd2020/202209/t20220926_1888675.html

[22]国家统计局.农业发展成就显著 乡村美丽宜业宜居:党的十八大以来经济社会发展成就系列报告之二[EB/OL].http://www.stats.gov.cn/xxgk/jd/sjjd2020/202209/t20220914_1888221.html

[23]全国新农村建设网.全国新农村建设中心介绍[EB/OL].http://www.qgxnc.org/jgjs.html[EB/OL].http://www.stats.gov.cn/xxgk/jd/sjjd2020/202209/t20220914_1888221.html

[24]张家冀.中国建筑论[M].太原:山西人民出版社,2013.

[25]文震亨.《长物志》[M].北京:中华书局,2021.

[26]于德华.中国家具创新设计[M].北京:北京理工大学出版社,2020.

[27]胡景初.中外家具小讲[M].北京:化学工业出版社,2022.

[28]吕九芳.中国传统家具榫卯结构[M].上海:上海科学技术出版社,2018.

[29]徐岚,刘美玲,张琳枫.家具结构:坐具设计实战[M].北京:化学工业出版社,2022.

[30]曹雪芹.红楼梦[M].北京:华文出版社,2019.

[31]那成爱,吴志军,肖文波,等.设计史视角下中国传统家庭厨房的演变研究[J].湖南包装,2018,33(04):46-50.

[32]周艳珉.住宅精细化设计[M].北京:中国建筑工业出版社.2015.

[33]彭敏.小户型住宅收纳式家具设计研究[J].包装工程,2014,35(20):55-58.

[34]孙晓.精装小户型住宅收纳式家具设计策略研究[J].包装工程,2023,44(12):332-342+351.

[35]闫鑫宇,黎庆.组合式家具设计研究[J].湖南包装,2018,33(02):92-93+97.

[36]来增祥.室内设计原理[M].北京:中国建筑工业出版社,2019.

[37]胡正凡,林玉莲.环境心理学:环境-行为研究及其设计应用[M].北京:中国建筑工业出版社,2018.

[38]管歆 .家居产品开发设计:家具设计[M].沈阳:辽宁大学出版社,2020.

[39]莫宇凡.家具设计中折叠结构的功能性研究[J].设计,2019,32(23):23.

[40]冯鑫浩,吴智慧.国内衣橱柜家具市场的发展现状调研与分析研究[J].中国林业产业,2020,191(Z1):155-160.

[41]蔡思敏,胡若曦,余怡,等.阳台家具模化设计研究与应用[J].林产工业,2021,58(2):56-60.

[42]赵晓璇.基于模块化思想的多功能沙发研究与设计[J].西部皮革,2022,44(18):117-119.

[43]王永广,陈洁,方紫薇等.我国木家具标准化发展现状与建议[J].木材科学与技术,2021,35(02):73-78.

[44]卢永安. 明清红木消费与社会文化变迁[D].重庆:西南大学,2022.

[45]刘大欣.现代工业设计下新中式家具设计现存问题与对策研究[J].新型工业化,2021,11(12):28-29+32.

[46]爱德华·希尔斯.论传统[M].傅铿,吕乐,译.上海:上海人民出版社,2014.

[47]吴智慧.室内与家具设计[M].北京:中国林业出版社,2012.

[48]刘玉寒.现代家具创意设计[M].长春:吉林美术出版社,2019.

[49]周波. 基于未来智慧城市愿景的城市家具设计研究[D].杭州:中国美术学院,2019.

[50]赵乾,姜丽娟."以道融器"理念在现代家具设计中的应用[J].林产工业,2020,57(8):86-88.

[51]于德华. 明式家具艺术风格研究[D]. 北京:北京理工大学,2018.
[52]孙明磊. 明式家具体现传统美学内涵研究[D]. 哈尔滨:东北林业大学,2008.
[53]石峰. 东阳木雕艺术在家具设计中的传承与应用[J]. 知识经济,2020(18):48,79.
[54]潘琳炫,叶洁楠. 家具设计艺术与文人审美世俗化的结合以及相互作用[J]. 美术教育研究,2020(10):67-68.
[55]陈原川. 中国元素设计[M]. 北京:中国建筑工业出版社,2010.
[56]何灿群,董佳丽,向威. 设计与文化[M]. 长沙:湖南大学出版社,2009.
[57]林晓雅. 基于北京民俗文化研究的椅子开发应用设计[D]. 无锡:江南大学,2008.
[58]钱锦. 非遗元素在当代文创设计中的运用研究:以秦淮灯彩为例[D]. 南京:东南大学,2019.
[59]苏专. 传承与拓展:浅谈东莞非遗元素在现代设计中的运用[J]. 美术观察,2020(8):158-159.
[60]吴玲玲. "非遗"传统文化元素在当代艺术设计中的应用研究[J]. 美与时代(上),2018(11):20-21.
[61]贾呈鑫卓,郑丽,龙元丽,徐高峰. 古茶树的价值及文化自信探讨[J]. 西南林业大学学报(社会科学),2020,4(6):82-84.
[62]施由明. 论中国式审美与中国茶文化[J]. 农业考古,2020(5):22-26.
[63]范宁. 试论传统茶文化在现代环境艺术设计中的构思[J]. 产业与科技论坛,2020,19(21):75-76.
[64]韩凌云. 中国画与新中式家具的互通性研究[J]. 美术大观,2017(5):126-127.
[65]钱佳慧. 传统家具造型元素与新中式家具的意象尺度匹配研究与应用:以柜类为例[D]. 杭州:浙江农林大学,2019.